人生不过如此

RENSHENGBUGUORUCI

林语堂 文集

群言出版社
Qunyan Press
北京联合出版公司
Beijing United Publishing Co.,Ltd.

目　录

代 序 生活的艺术

本书是一种私人的供状,供认我自己的思想和生活所得的经验。我不想发表客观意见,也不想创立不朽真理。我实在瞧不起自许的客观哲学;我只想表现我个人的观点。我本想题这书的名字为"抒情哲学",用抒情一词说明这里面所讲的是一些私人的观念。但是这个书名似乎太美,我不敢用,我恐怕目标定得太高,即难于满足读者的期望,况且我的主旨是实事求是的散文,所以用现在的书名较易维持水准,且较自然。让我和草木为友,和土壤相亲,我便已觉得心满意足。我的灵魂很舒服地在泥土里蠕动,觉得很快乐。当一个人悠闲陶醉于土地上时,他的心灵似乎那么轻松,好像是在天堂一般。事实上,他那六尺之躯,何尝离开土壤一寸一分呢?

我颇想用柏拉图的对话方式写这本书。把偶然想到的话说出来,把日常生活中有意义的琐事安插进去,这将是多么自由容易的方式。可是不知什么缘故,我并不如此做。或者是因我恐怕这种文体现在不很流行,没有人喜欢读,而一个作家总是希望自己的作品有人阅读。我所说的对话,它的形式并不是像报纸上的谈话或问答,或分成许多段落的评论;我的意思是指真真有趣的、冗长的、闲逸的谈论,一说就是几页，中间富于迂回曲折，后来在料不到的地方，突然一转，仍旧回到原来的论点，好像一个人因为要使伙伴惊奇，特意翻过一道篱笆回家去一般。我多么喜欢翻篱笆抄小路回家啊！至少会使我的同伴感觉我对于回家的道路和四周的乡野是熟识的……可是我总不敢如此做。

　　我并不是在创作。我所表现的观念早由许多中西思想家再三思虑过，表现过；我从东方所借来的真理在那边都已陈旧平常了。但它们总是我的观念；它们已经变成自我的一部分。它们所以能在我的生命里生根，是因为它们表现出一些我自己所创造出来的东西，当我第一次见到它们时，我即对它们出于本心的协调了。我喜欢那些思想，并不是因为表现那些思想的是什么伟大人物。老实说，我在读书和写作时都是抄小路走的。我所引用的作家有许多是不见经传的，有些也会使中国文学教授错愕不解。我引用的当中如果有出名人物，那也不过是我在直觉的认可下接受他们的观念，而并不是震于他们的大名。我有一种习惯，最爱购买隐僻无闻的便宜书和断版书，看看是否可以从这些书里发现些什么。如果文学教授们知道了我的思想来源，他们一定会对这么一个俗物显得骇怪。但是在灰烬里拾到一颗小珍珠，是比在珠宝店橱窗内看见一粒大珍珠更为快活。

　　我的思想并不怎样深刻，读过的书也不怎样广博。一个人所读的书太多，便不辨孰是孰非了。我没有读过洛克（Locke，17世纪英国哲学家）、休姆（Hume，18世纪苏格兰哲学家）或勃克莱（Berkeley，17世纪爱尔兰哲学家）的著作，也没有读过大学的哲学课程，在专门技术上讲，我所应用的方法，所受的训练都是错误的，我并不读哲学而只直接拿人生当做课本，这种研究方法是不合惯例的。我的理论根据大都是从下面所说这些人物方面而来：老妈子黄妈，她具有中国女教的一切良好思想；一个随口骂人的苏州船娘；一个上海的电车售票员；厨子的的妻子;动物园中一只小狮子;纽约中央公园里的一只松鼠;一个发过一句妙论的轮船上的管事;一个在某报天文栏写文章的记者(已亡故十多年了);箱子里所收藏的新闻纸;以及任何一个不毁灭我们人生好奇意识的作家,或任何一个不毁灭他们自己人生好奇意识的作家……诸如此类,不胜枚举。

我没有受过学院式的哲学训练,所以倒反而不怕写一本哲学书。观察一切也似乎比较清楚,比较便当,这在正统哲学家看来,不知是不是可算一种补偿。我知道一定有人会说我所用的字句太过于浅俗,说我写得太容易了解,说我太不谨慎,说我在哲学的尊座前说话不低声下气,走路不步伐整齐,态度不惶恐战兢。现代哲学家所最缺乏的似乎是勇气。但我始终徘徊于哲学境界的外面。这倒给我勇气,使我可以根据自己的直觉下判断,思索出自己的观念,他立自己的独特的见解,以一种孩子气的厚脸皮,在大庭广众密切协作之间把它们直供出来;并且确知在世界另一角落里必有和我同感的人,会表示默契。用这种方法树立观念的人,会常常在惊奇中发现另外一个作家也曾说过相同的话,或有过相同的感觉,其差别只不过是它的表现方法有难易或雅俗之分而已。如此,他便有了一个古代作家替他做证人;他们在精神上成为永久的朋友。

所以我对于这些作家,尤其是对于我精神上的中国朋友,应该表示感谢。当我写这本书时,有一群和蔼可亲的天才和我合作;我希望我们互相亲热。在真实的意义上说来,这些灵魂是与我同在的,我们之间精神上的相通,即我所认为是唯一真实的相通方式——两个时代不同的人有着同样的思想,具有着同样的感觉,彼此之间完全了解。我写这书的时候,他们借着贡献和忠告,给我以特殊的帮助,八世纪的白居易,十一世纪的苏东坡,以及十六、十七两世纪那许多独出心裁的人物——浪漫潇洒,富于口才的屠赤水;嬉笑诙谐,独具心得的袁中郎;多口好奇,独特伟大的李卓吾;感觉敏锐,通晓世故的张潮;耽于逸乐的李笠翁;乐观风趣的老快乐主义者袁子才;谈笑风生,热情充溢的金圣叹——这些都是脱略形骸不拘小节的人,这些因为胸蕴太多的独特见解,对事物具有太深的情感,因此不能得到正统派批评家的称许,这些人太好了,所以不能循规蹈矩,因为太有道德了,所以在儒家看来便是"不好"的。这些精选出来的同志人数不多,因此使我享受到更宝贵、更诚挚的快乐。这些人物也许有几个在本书内不曾述及,可是他们的精神确是同在这部著作里边的。我想他们在中国总有一天会占到重要的地位,那不过是时间问题而已……还有一些人物,虽然比较的晦暗无闻,但是他们恰当的言论也是我所欢迎的,因为他们将我的意见表示得那么好。我称他们为中国的爱弥尔(Amiel,瑞士作家,1821—1881)——他们说的话并不多,但说得总是那么近情,我佩服他们的晓事。此外更有古今中外的不朽哲人,他们好像是伟大人物的无名祖宗一般,在心灵感动的当儿,在不知不觉之间说出一些至理名言;最后还有一些更伟大的人物;我不当他们做我精神上的同志,而当他们是我的先生,他们那清朗的理解是那么入情入理,又那么超凡入圣,他们的智慧已成自然,因此表现出来很容易,丝毫不用费力。庄子和陶渊明就是这么一类人物,他们的精神简朴纯正,非渺小的人所能望其项背。在本书里,我有时加以相当声明,让他们直接对读者讲话;有时则竟代他们说话,虽然表面上好像是我自己的话一般。我和他们的友谊维持得越久,我的思想也就越受他们的影响,我在他们的熏陶下,我的思想就倾向于通俗不拘礼节、无从捉摸、无影无形的类型;正如做父亲的对施与良好的家教所产生的影响一样。我也想以一个现代人的立场说话,而不仅以中国人的立场说话为满足,我不想仅仅替古人做一个虔诚的

古人做一个虔诚的迻译者,而要把我自己所吸收到我现代脑筋里的东西表现出来。这种方法当然有缺点,但是从大体上说来,确能使这工作比较诚实一些。因此,一切取舍都是根据于我个人的见解。在这本书里我不想把一个诗人或哲学家的思想全盘托出来;假如想要根据本书里所举的少许例证去批判他们的全体,那是不可能的。所以当我结束这篇自序时,必须照例地说,本书如有优点的话,大部分应该归功于我的合作者,至于一切错误、缺点,和不正确的见解,当由我自己完全负责。

我要向华尔虚先生和夫人(Mr. and Mrs. Walsh)致谢,第一,谢谢他们鼓励我写作本书的念头;第二,谢谢他们坦白有益的批评。我也得感谢韦特先生(Mr. Hugh Wade)帮助我做本书的付印和校对工作,感谢佩弗女士(Miss Lillian Peffer)代我完成书后的索引。

林语堂

第一篇
我生之初尚无为

少之时

从外表看来，我的生命是平平无奇，极为寻常，而极无兴趣的。我生下来是一个男儿——这倒是重要的事——那是在一八九五年。自小学卒业后，我即转入中学，中学完了，复入上海圣约翰大学；毕业后，到北京任清华大学英文教师。其后我结婚，复渡美赴哈佛大学读书一年（1919—1920），继而到德国，在殷内和莱比锡两大学研究。回国后在国立北京大学任教授职，为期三年（1923—1926）。教鞭执厌了，我到武汉投入国民政府服务，那是受了陈友仁的感动。及至做官也做厌了，兼且看透革命的喜剧，我又"毕业"出来，而成为一个著作家——这是半由个人的嗜好亦半由个人的需要。自此以后，我便完全托身于著作事业。人世间再没有比这事业更为乏味的了。在著作生活中，我不致被学校革除，不与警察发生纠纷，只是有过一度恋爱而已。

在造成今日的我之各种感染力中，要以我在童年和家庭所身受者为最大。我对于人生、文学与平民的观念，皆在此时期得受最深刻的感染力。究而言之，一个人一生出发时所需要的，除了健康的身体和灵敏的感觉之外，只是一个快乐的孩童时期——充满家庭的爱情和美丽的自然环境便够了。在这条件之下生长起来，没有人会走错的。在童时我的居处靠近自然——有山、有水、有农家生活。因为我是个农家的儿子，我很以此自诩。这样与自然得有密切的接触，令我的心思和嗜好俱得十分简朴。这一点，我视为极端重要，令我建树一种立身处世的超然的观点，而不致流为政治的、文艺的、学院的，和其他种种式式的骗子。在我一生，直迄今日，我从前所常见的青山和儿时常在那里捡拾石子的河边,种种意象仍然依附在我的脑中。它们令我看见文明生活、文艺生活,和学院生活中的种种骗子而发笑。童年时这种与自然接近的经验,足为我一生知识的和道德的至为强有力的后盾;一与社会中的伪善和人情之势利互相比较,至足令我鄙视之。如果我有一些健全的观念和简朴的思想,那完全是得之于闽南坂仔之秀美的山陵,因为我相信我仍然是用一个简朴的农家子的眼睛来观看人生。那些青山,如果没有其他影响,至少曾令我远离政治,这已经是其功不小了。当我去年夏天住在庐山之巅时,辄从幻想中看见山下有两只小动物,大如蚂蚁和臭虫,互相仇恨,互相倾陷,各出奇谋毒计以争"为国服务"的机会,心中乐不可支。如果我会爱真、爱美,那就是因为我爱那些青山的缘故了。如果我能够向着社会上一般士绅阶级之孤立无助、依赖成性和不诚不实而微笑,也是因为那些青山。如果我能够窃笑踞居高位之愚妄和学院讨论之笨拙,都是因为那些青山。如果我自觉我自己能与我的祖先同信农村生活之美满和简朴,又如果我读中国诗歌而得有本能的感应,又如果我憎恶各种形式的骗子,而相信简朴的生活与高尚的思想,总是因为那些青山的缘故。

一个小孩子需要家庭的爱情,而我有的是很多很多。我本是一个很顽皮的孩子;也许正因这缘故,我父母十分疼爱我。我深识父亲的爱、母亲的爱、兄弟的爱和姐妹的爱。生平有一小事,其印象常镂刻在我的记忆中者,就是我已故的二姐之出阁。她比我长五岁,故当我十三岁正在中学念书时,她年约十八岁,美艳如桃,快乐似雀。她和我常好联合串编故事——其实是合作一部小说——且编且讲给母亲听。这部小说是叙述外国一对爱人的故事,被敌人谋害而为法国巴黎的侦探所追捕。——这是她从读林纾所译的小仲马之名著而得的资料。那时她快要嫁给一个乡绅,那是大违她的私愿的,因为她甚想入大学读书,而吾父以儿子过多,故其大愿莫偿也。姐夫之家是在西溪岸边一个村庄内，恰在我赴厦门上学之中途。我每由本村到厦门上学，必须在江中行船三日，沿途风景如画，满具诗意。如今有汽船行驶，只需三小时。但是我从不悔恨那多天的路程，因为那一年或半年一次在西溪民船中的航程，至今日仍是我精神上最丰富的所有物。那时我们全家到新郎的村庄，由此我直径学校。我们是贫寒之家，二姐在出嫁的那一天给我四毛钱，含泪而微笑对我说："我们很穷，姐姐不能多给你了。你去好好地用功念书，因为你必得要成名。我是一个女儿，不能进大学去。你从学校回家时，来这里看我吧。"不幸她结婚后约十个月便去世了。

那是我童年时所流的眼泪。那些极乐和深忧的时光，或只是欣赏良辰美景之片刻欢愉，都是永远镂刻在我的记忆中。我以为我的心思是倾于哲学方面的，即自小孩子时已是如此。在十岁以前，为上帝和永生的问题，我已斤斤辩论了。当我祈祷之时，我常常想象上帝必在我的顶上逼近头发，即如其远在天上一般，盖以人言上帝无所不在故也。当然的，觉得上帝就在顶上令我发生一种不可说出的情感。在很早的时候我便会试探上帝了，因为那时我囊中无多钱，每星期只得铜元一枚，用以买一个芝麻饼外，还剩下铜钱四文以买四件糖果。可是我生来便是一个伊壁鸠鲁派的信徒(享乐主义者)，吃好味道的东西最能给我以无上的快乐——不过那时所谓最好味道的东西只是在馆中所卖的一碗素面而已，而我渴想得到银一角。我在鼓浪屿海边且行且默祷上帝，祈求赐得以所求，而令我在路上拾得一只角子。祷告之时，我紧闭双目，然后睁开。一而再，再而三，我都失望了。在很幼稚之时，我也自问何故要在吃饭之前祷告上帝。我的结论：我应该感谢上帝不是因其直接颁赐所食，因为我明明白白地知道我目前的一碗饭不是由自天赐，而却是由农夫额上的汗水而来的；但是我却会拿人民在太平盛世感谢皇帝圣恩来作比方(那时仍在清朝)，于是我的宗教问题也便解决了。按我理性思索的结果：皇帝不曾直接赐给我那碗饭的，可是因为他统治全国，致令天下太平，因而物阜民康，丰衣足食。由此观之，我有饭吃也当感谢上帝了。

童年，我对于荏苒的光阴常起一种流连眷恋的感觉，结果常令我自觉地和故意地一心想念着有些特殊甜美的时光。直迄今日，那些甜美的时光还是活现脑中，依稀如旧的。记得，有一夜，我在西溪船上，方由坂仔（宝鼎）至漳州。两岸看不绝山景、禾田，与村落农家。我们的船是泊在岸边竹林之下，船逼近竹树，竹叶飘飘打在船篷上。我躺在船上，盖着一条毡子，竹叶摇曳，只离我头上五六尺。那船家经过一天的劳苦，在那凉夜之中坐在船尾放心休息，口衔烟管，吞吐自如。其时沉沉夜色，远景晦冥，隐若可辨，宛如一幅绝美绝妙的图画。对岸船上高悬纸灯，水上灯光，掩映可见，而喧闹人声亦一一可闻。时则有人吹起箫来，箫声随着水上的微波乘风送至，如怨如诉，悲凉欲绝，但奇怪得很，却令人神宁意恬。我的船家，正在津津有味地讲慈禧太后幼年的故事，此情此景，乐何如之！美何如之！那时，我愿以摄影快镜拍照永留记忆中，我对自己说："我在这一幅天然图画之中，年方十二三岁，对着如此美景，如此良夜；将来在年长之时回忆此时，岂不充满美感吗？"

尚有一个永不能忘的印象，便是在厦门寻源书院（教会办的中学）最后的一夕。是日早晨举行毕业典礼，其时美国领事安立德（Julean Arnold）到院演说。那是我在该书院最后的一天了。我在卧室窗门上坐着，凭眺运动场。翌晨，学校休业，而我们均须散去各自回家了。我静心沉思，自知那是我在该书院四年生活之完结日；我坐在那里静心冥想足有半点钟工夫，故意留此印象在脑中以为将来的记忆。

我父亲是一个牧师，是第二代的基督徒。我不能详述我的童年生活，但是那时的生活是极为快乐的。那是稍微超出寻常的，因为我们在弟兄中也不准吵嘴。后来，我要尽力脱去那一副常挂在脸上的笑容，以去其痴形傻气。我们家里有一眼井，屋后有一个菜园，每天早晨八时，父亲必摇铃召集儿女们于此，各人派定古诗诵读，父亲自为教师。不像富家的孩子，我们各人都分配一份家庭劳作。我的两位姊姊都要做饭和洗衣，弟兄们则要扫地和清除房屋。每日下午，当姊姊们由屋后空地拿进来洗净晾干的衣服分放在各箱子时，我们便出去从井中汲水，倾在一小沟而流到菜园小地中，借以灌溉菜蔬。否则我们孩子们便走到禾田中或河岸，远望日落奇景，而互讲神鬼故事。那里有一起一伏的山陵四面环绕，故其地名为"东湖"，山陵皆岸也。我常常幻想一个人怎么能够走出此四面皆山的深谷中呢。北部的山巅上当中裂开，传说有一仙人曾踏过此山，而其大趾却误插在石上裂痕，因此之故，那北部的山常在我幻想中。

对人生的态度

在下面的文章里，我要表现中国人的观点，因为我没有办法不这样做。我只想表现一种为中国最优越最睿智的哲人们所知道，并且在他们的民间智慧和文学里表现出来的人生观和事物观。我知道这是一种在与现代不同的时代里发展出来的，从闲适的生活中产生出来的闲适哲学。可是，我终究觉得这种人生观根本是真实的；我们的心性既然是相同的，那么在一个国家里感动人心的东西，自然也会感动一切的人类。我得表现中国诗人和学者用他们的常识，他们的现实主义，与他们的诗的情绪所估定的一种人生观。我打算显示一些异教徒的世界之美，一个民族所看到的人生的悲哀、美丽、恐怖和喜剧；这一个民族对于我们生命的有限发生强烈的感觉，然而不知何故却保持着一点人生庄严之感。

中国哲学家是一个睁着一只眼睛做梦的人，是一个用爱及温和的嘲讽来观察人生的人，是一个把他的玩世主义和慈和的宽容心混合起来的人，是一个有时由梦中醒来，有时又睡了过去的，在梦中比在醒时更觉得生气蓬勃，因而在他清醒的生活中放进了梦意的人。他睁着一只眼，闭着一只眼，看穿了他周遭所发生的事情和他自己的努力的徒然，可是还保留着充分的现实感去走完人生的道路。他很少幻灭，因为他没有虚幻的憧憬，很少失望，因为他从来没有怀着过度的希望。他的精神就是这样解放了的。

因为在研究了中国的文学和哲学以后，我得到了这样的结论：中国文化的最高理想始终是一个对人生有一种建筑在明慧的悟性上的达观的人。这种达观产生了宽怀，使人能够带着宽容的嘲讽度其一生，逃开功名利禄的诱惑，而且终于使他接受命运给他的一切东西。这种达观也使他产生了自由的意识，放浪的爱好，与他的傲骨和淡漠的态度。一个人只有具着这种自由的意识和淡漠的态度，结果才能深切地热烈地享受人生的乐趣。

我不必说我的哲学在西洋人的眼中是否正确。我们要了解西洋人的生活，就得用西洋人的眼光，用他自己的气质，他的物质观念，和他自己的脑筋去观察它。美国人能忍受许多中国人所不能忍受的事物，而中国人也能忍受许多美国人所不能忍受的事物：这一点我并不怀疑。我们大家生下来就不一样，这也是好的。然而这也不过是比较的说法。我很相信在美国生活的匆忙中，人们有一种愿望，有一种神圣的欲望，想躺在一片草地上，在美丽的高树下什么事也不做地享受一个悠闲舒适的下午。像"醒转来生活吧"（Wake up and live）这种普遍的呼声的存在，在我看来很足证明美国有一部分的人宁愿在梦中虚度光阴，可是美国人终究还不至于那样糟糕。问题只在他想多享受或少享受这种闲适的生活，以及他要怎样安排使这种生活实现而已。也许美国人只是在这个人人都在做事的世界上，对于"闲荡"一词感到惭愧；可是不知何故，正如我确切地知道他也是动物一样，我确切地知道他有时也喜欢松一下筋肉，在沙滩上伸伸懒腰，或者静静地躺着，把一条腿舒舒服服地蜷起来，一条手臂垫在头下做枕头。他如果这样，便跟颜回相差无几了；颜回有的正是这种美德，孔子在众弟子中，最佩服的也就是他。我只希望看到的，就是他对这件事能够诚实；他喜欢这件事的时候，便向全世界宣称他喜欢这件事；当他闲适地躺在沙滩上，而不是在办公室里工作时，他的灵魂才会喊道："人生真美丽啊！"

所以，我们现在要看一看中国整个民族的思想所理解的一种哲学和生活艺术。我以为不论在好的或坏的意义上，世界没有一样和它相像的东西。因为我们在这里遇到一种完全不同的思想典型所产生的一种完全新的人生看法。任何一个民族的文化都是它的思想的产物，这句话是毫无疑义的。中国的民族思想在种族上和西方文化那么不同，在历史上又与西方文化隔离着；因此，我们在这种地方，自然会找到一些对人生问题的新的答案，或者，更好些，找到一些对人生问题的新的探讨方法，或者，还要好些，找到一些对人生问题的新的论据。

我们知道那种思想的一些美德和缺点，这至少可以由过去的历史看出来。它有光荣灿烂的艺术，和卑不足道的科学，有伟大的常识和幼稚的逻辑，有精致的，女性的，关于人生的闲谈，而没有学者风味的哲学。一般人都知道中国人的思想是一种非常实用而精明的思想，一些爱好中国艺术的人也知道，中国人的思想是一种极灵敏的思想；更少数的人则承认中国人的思想也是一种极有诗意和哲理的思想。至少大家都知道中国人是善于用哲理的眼光去观察事物的，这句话是比中国有一种伟大的哲学或有几个大哲学家的说法更有意义的。一个民族有几个哲学家没有什么稀奇，但一个民族能以哲理的眼光去观察事物，那就真是非常的事了。无论如何，中国这个民族显然是比较有哲理眼光,而比较没有效率的,如果不是这样,没有一个民族能经过四千年有效率的生活的高压而继续生存的。四千年有效率的生活是会毁灭任何民族的。一个重要的结果是:在西方,狂人太多了,只好把他们关在疯人院里,而在中国,狂人太稀罕了,所以我们崇拜他们;每一个具有关于中国文学的知识的人,都会证实这句话。我所要说明的便是这一点。是的,中国人有一种轻逸的,一种几乎是愉快的哲学,他们的哲学气质的最好证据,是可以在这种智慧而快乐的生活哲学里找到的。

我的图书室

我在《人间世》杂志,曾登载过姚颖女士一篇布置书房的文章,凑巧与我的见解相同。如果我也发表过一篇同题的文章,或是曾经遇见过她,那我一定会诬她有抄袭我的见解的嫌疑。因此我在她的文章末尾,写了一篇长论——表明她的理解如何近似我的理论。兹将她的原文略述如下:

大学公共图书馆采用分类制,用杜威或王云五的方法把图书分编成类,固然是好的。但是一个贫穷的学者图书不够,又蹇居于京沪的一个狭里之中,显然是不能如此做法。一个里舍之中,寻常只有一间餐室,一间客厅,两间睡房,如果很幸运,也许会有一间书房。此外,他的图书普通都依个人的喜好而来,收集得不会普遍完全。这应该怎么办呢?

我不知道别人如何,但是我用的方法是如此的。我的方法是自然的方法。比如,当我坐在书桌前边收到一本寄来的书,我就把它放在桌上。如果在阅读时有客来访,我就把书带到客厅,去和来客谈谈这本书的内容。客人告别以后,如果我把书遗忘在客厅,我就让它摆在那里。有时话谈得开心,我还不感倦意,只是想休息一会,我就把它带到楼上,在床上阅读。如果读得兴趣浓厚,我就继续读了下去,如果兴趣降低,就把它用作枕头而睡,这就是我所谓的自然的方法,也可以说是"使书籍任其所在的方法"。我甚而不能说,哪一处是我喜欢放书的地方。

这种办法的必然结果,自然到处可见图书杂志,在床上,沙发上,餐间里,食器橱中,厕所架上,以及其他地方。这样不能一览无遗,是杜威或王云五的方法所不及的。

这种办法有三点好处:第一,不规则的美丽。各种精装本、平装本、中文、英文、大而厚重的本子、轻的美术复制本——一些是中古英雄骑士的图片,一些是现代裸体艺术照片,全都杂在一起,一望就可以看出人类历史的整个过程。第二,兴趣的广泛不同。一本哲学书籍,也许和一本科学书籍并立在一起,一本滑稽的书籍,也许和一本《道德经》比肩而立。他们混成一片,俨若各持己见地在争辩着。第三,用之便当。如果一个人把书全部摆在书室,他在客厅中便无书可读。我用这种方法,就是在厕所也能增长知识。

我只要说这仅是我个人的方法。我不求别人赞成,也不希望他们来效法我。我写这篇文章的缘故,是因为看我的客人见我的生活如此,常是摇头叹息。因为我没有问过他们,我不知道他们是称赞的叹息,还是反对的叹息……但是我从不去理会的。

上边的这一篇文章,很可以代表现代中国式的小品文(familiar essay)。它有中国古文的轻松气派,以及现代论文的不拘泥之风度。下边是我写的后论:

当我收到这篇稿子的时候,我觉得好像有人把我的秘密说穿了。在我看下去的时候,我很惊异地发现了我自己放书的理论,已被一个别的人同时发现了。我如何能不就此发挥几句呢？我知道阅读是一件高尚的事情，但是已经变成了一件俗陋不堪而且商业化的事情。收集书籍也曾是一件高尚的娱乐，但是自从暴发户出现以后，现在的情况也随之惨变。这些人藏着各个作家的整套书籍，装潢美丽整齐，摆在玻璃架上，用以在他们的朋友面前炫耀。但是当我看到他们的书架的时候，里边从来没有一点空隙或书本的误排，这表明他们从来不去动那些书籍。其中也没有书皮扯下来的书籍，没有手纹的印子或偶然掉下来的烟灰，没有用蓝色铅笔画下来的记号，没有枫树的叶子在书中夹着。而所有的只是没有割开的连页。

所以，收集书籍的方法似乎也变得俗陋了。明朝的徐谢写过一篇《旧砚台论》的文章，暴露收集古玩的俗陋。现在姚女士则引申到收集图书的事。可见如果你只要说出你的真意，世界上似乎不会没有与你同感的人。王云五之方法利用于公共图书馆中很好，但是公共图书馆与一个穷学者的书斋有什么关系呢？我们必须有一个不同的原则，就如《浮生六记》的作者所指出的"以大示小，以小示大。以假遇真，以真遇假"。这位作者所发表的意见，是关于一个穷士的房舍花园应当怎样安排，也可以用在收集书籍的方法上。如果你能善用这个原则，你可以把一个穷士的书房，改变成宛如未经开发的大陆。

书籍绝对不应分类。把书籍分类是一种科学，但不去分类是一种艺术。你那五尺高的书架，应当别成一个小天地。必须把这个诗歌搁置在科学的文章之上，同时使一本侦探小说与居友（Guyau）的著作并列。这样安排之后，一个五尺书架会变成搜罗广博的架子，使你觉得有如天花乱坠。如果架子上只有司马光的一套《资治通鉴》，当你无心去看《资治通鉴》的时候，就变成一个空空如也的架子。每个人都知道女人的美丽，是她们予人一种莫名其妙而又遍寻不着的感觉，古老的城市如巴黎与维也纳之所以耐人寻味，是因为你在那里住了十年以后,也不确知某一个小巷中会有什么东西出现。一个图书室也是同样的道理。

各种书籍都有它的特点,所以装订得也不相同。我从来不去买《四部备要》或《四部丛刊》,就是为了这个缘故。买一部书的特点,一方面由书的外表上可以看得出来,一方面由购买时的情形不同而来。书买来以后,把它们不分类自然地摆在架上。当你要看王国维《宋元戏曲史》的时候,你会翻来翻去,不知究竟放在何处。在你找到以后,你是真正地"找到"了,不只是拿它下来到手。这时你已经香汗盈盈,好像一个得意的猎人一样。也许当你已发现它的所在,而去拿你要的第三卷时,却发现它已不翼而飞。你站在那里一时不知如何是好,迷想你是否会把它借给某人,于是长叹一声,好像一个小学生看见一只几乎被他捉着的鸟,忽然又腾空飞去了。这样一来,你的图书室常有一种玄妙不可捉摸的空气存在,简而言之,你的图书室将会有女人的隐约的美丽,以及伟大城市的玄妙莫测。

几年以前,我在清华大学有个同事,他有一个"图书室",其中只有一箱子半的书籍,但是都是由一至千的分类编成,用的是美国图书协会的分类制度。当我问他一本经济历史的书的时候,他很自傲地立时回答说书号是"580.73A"。他有美国式的办事效率,很是自以为骄傲。他是一个真正的美国留学生,不过我说这话的意思,并不是称颂他。

著作和读书

我初期的文字即如那些学生的示威游行一般，披肝沥胆，慷慨激昂，公开抗议。那时并无什么技巧和细心。我完全归罪于北洋军阀给我们的教训。我们所得的出版自由太多了，言论自由也太多了，而每当一个人可以开心见诚讲真话之时，说话和著作便不能成为艺术了。这言论自由究有甚好处？那严格的取缔，逼令我另辟蹊径以发思想。我势不能不发展文笔技巧和权衡事情的轻重，此即读者们所称为"讽刺文学"。我写此项文章的艺术乃在发挥关于时局的理论，刚刚足够暗示我的思想和别人的意见，但同时却饶有含蓄，使不至于身受牢狱之灾。这样写文章无异是马戏场中所见的在绳子上跳舞，需眼明手快，身心平衡合度。在这个奇妙的空气当中，我已经成为一个所谓幽默或讽刺的写作者了。也许如某人曾说，人生太悲惨了，因此不能不故事滑稽，否则将要闷死。这不过是人类心理学中一种很寻常的现象吧——即是在十分危险当中，我们树立自卫的机械作用，也就是滑口善辩。这一路的滑口善辩，其中含有眼泪兼微笑的。

我之重新发现祖国之经过也许可咏成一篇古风，可是恐怕我自己感到其中的兴趣多于别人吧。我常徘徊于两个世界之间，而逼着我自己要选择一个，或为旧者，或为新者，由两足所穿的鞋子以至头顶所戴的帽子。现在我不穿西服了，但仍保留着皮鞋。至最近，我始行决定旧式的中国小帽是比洋帽较合逻辑和较为舒服的，戴上洋帽我总觉得形容古怪。一向我都要选择我的哲学，一如决定戴那种帽子一样。我曾作了一副对联：

两脚踏东西文化

一心评宇宙文章

　　有一位好作月旦的朋友评论我说,我的最大长处是对外国人讲中国文化,而对中国人讲外国文化。这原意不是一种暗袭的侮辱,我以为那评语是真的。我最喜欢在思想界的大陆上驰骋奔腾。我偶尔想到有一宗开心的事,即是把两千年前的老子与美国的福特(Henry Ford,美国汽车大王)拉在一个房间之内,让他们畅谈心曲,共同讨论货币的价值和人生的价值。或者要辜鸿铭导引孔子投入麦克唐纳(前英国内阁总理)之家中,而看着他们相视而笑,默默无言,而在杯酒之间得完全了解。这样发掘一中一西之原始的思想而作根本上的比较,其兴味之浓不亚于方城之戏,各欲猜度他人手上有什么片牌。又如打牌完了四圈又四圈,不独可以夜以继日,日复继夜,还可以永不停息,没有人知道最后的输赢。

　　在这里可以略说我读书的习惯。我不喜欢第二流的作家,我所要的是表示人生的文学界中最高尚的和最下流的。在最高尚的一级可以说是人类思想之源头,如孔子、老子、庄子、柏拉图等是也。我所爱之最下流的作品,有如 Baroness Crczsy,Edgar Wallace 和一般价极低廉的小书,而尤好民间歌谣和苏州船户的歌曲。大多数的著书都是由最下流的或最高尚的剽窃抄袭而来,可是他们剽窃抄袭永不能完全成功。如此表示的人生中失了生活力,词句间失了生气和强力,而思想上也因经过剽窃抄袭的程序而失却真实性。因此,欲求直接的灵感,便不能不向思想和生命之渊源处去追寻了。为此特别的宗旨,老子的《道德经》和苏州船户的歌曲,对我均为同等。

　　我读一个人的作品,绝不因有尽责的感觉,我只是读心悦诚服的东西。他们吸引我的力量在于他们的作风，或相近的观念。我读书极少，不过我相信我读一本书得益比别人读十本的为多，如果那特别的著者与我有相近的观念。由是我用心吸收其著作，不久便似潜生根蒂于我心内了。我相信强逼人读无论哪一本书是没用的。人人必须自寻其相近的灵魂，然后其作品乃能成为生活的。这一偶然的方法，也是发展个人的著者。我相信有一种东西如 Sinte-Beuve 之所谓"人心的家庭"，即是"灵魂之接近"，或是"精神之亲属"。虽彼此时代不同。国境不同，而仍似能互相了解，比同时同市的人为多些。一个人的文章嗜好是先天注定，而不能自己的。

我办《论语》

在我创办《论语》之时，我就认定方巾气、道学气是幽默之魔敌。倒不是因为道学文章能抵制幽默文学，乃因道学环境及对幽默之不了解，必影响于幽默家之写作，使执笔时，似有人在背后怒目偷觑，这样是不宜于幽默写作的。唯有保持得住一点天真，有点傲慢，不顾此种阴森冷气者，才写得出一点幽默。这种方巾气的影响，在《论语》之投稿及批评者，都看得出来。在批评方面，近来新旧卫道派颇一致，方巾气越来越重。凡非哼哼唧唧文学，或哼唷哼唷文学，皆在鄙视之列。今天有人虽写白话，实则在潜意识上中道学之毒甚深，动辄任何小事，必以"救国"、"亡国"挂在头上，于是用国货牙刷也是救国，卖香水也是救国，弄得人家一举一动打一个喷嚏也不得安闲。有人留学，学习化学工程，明明是学制香水、炼牛皮，却非说是实业救国不可。其实都是自幼作文说惯了"今夫天下"、"世道人心"这些名词还在潜意识中作祟吧。

所以这班人，名词虽新，态度却旧，实非西方文化产儿，与政客官僚一样。他们是不配批评要人"今夫天下"的通电的。西洋人讨论女子服装，亦只认为审美上问题，到中国便成了伦理世道什么夷夏问题。西人看见日食，也只当做历象研究，一到中国，也变成有关天下治乱的灾难了。西方也有人像李格，身为大学教授，却因天性所返，好写一些幽默小品，挖苦照相家替人排头扭颈，作家读者也没想到"文学正宗"、"国家兴亡"上面去。然而幽默文学，却因此发达。假如中国人如作一篇《吃莲花的》，便有人责问，你写这些有何关于世道人心，有何益于中国文化？这不是桐城妖孽还在作祟是什么？因此一招，写作的人，也无意中受此辈之压迫，拿起笔来，必以讽世自命，于是纯粹的幽默乃为热烈甚至酸腐的讽刺所笼罩下去。

办幽默刊物是怎么一回事？不过办一幽默刊物而已，何必大惊小怪？原来在国外各种正经大刊物之内，仍容得下几种幽默刊物。但一到中国，便不然了。一家幽默，家家幽默，必须"风行一时"，人人效響。由于誉幽默者以世道誉之，毁幽默者，亦以世道毁之，这正如一个乳臭未于专攻文学三年的洋博士回到中国被人捧为文学专家一样的有苦难言，哭笑不得。其实我林语堂并无野心，只因生性所近，素恶《东方杂志》长篇阔论，又好杂沓乱谈，此种文章既无处发表，只好自办一个。幸而有人出版，有人购读，就一直胡闹下去。充其量，也不过在国中已有各种严肃大杂志之外，加一种不甚严肃之小刊物，调剂调剂空气而已。原未尝存心打倒严肃杂志，亦未尝强普天下人皆写幽默文。现在批评起来，又是什么我在救中国或亡中国了。

《人间世》出版与《论语》出版一样。因为没人做，所以我来做。我不好落入窠臼，如已有人做了，我便万不肯做。以前研究汉字索引，编英文教科书，近来研究打字机，也都是看别人不做，或做不好，故自出机杼兴趣勃然去做而已。此外还有什么理由？现在明明提倡小品文，又无端被人加以夺取"文学正宗"罪名。夫文学之中，品类多矣。吾提倡小品，他人尽可提倡大品；我办刊物来登如在《自由谈》天天刊登而不便收存之随感，他人尽管办一刊物专登短篇小说，我能禁止他吗？倘使明日我看见国中没有专登侦探小说刊物，来办一个，又必有人以为我有以奉侦探小说为文学"正宗"之野心了。这才是真正国货的笼统思想。此种批评，谓之方巾气的批评。以前名流学者，没人敢办幽默刊物，就是方巾气作祟，脱不下名流学者架子，所以逼得我来办了。

今日"大野"君在《自由谈》(《申报》副刊)劝我"欲行大道，勿由小径，勿以大海内于牛迹，勿以日光等于萤火"。应先提倡西洋文化后提倡小品。提倡西洋文化，我是赞成的。但是西洋文化极复杂，方面极多，"五四"的新文化运动，有点笼统，我们应该随性所近分工合作去介绍提倡吧。幽默是西方文化之一部，西洋近代散文之技巧，亦系西方文学之一部。文学之外，尚有哲学、经济、社会，我没有办法，你们去提倡吧。现代文化生活是极丰富的。倘使我提倡幽默，提倡小品，而竟出意外，提倡有效，又竟出意外，在中国哼哼唧唧派及哼唷哼唷派之文学外，又加一幽默派、小品派，而间接增加中国文学内容体裁或格调上之丰富，甚至增加中国人心灵生活上之丰富，使接近西方文化，虽然自身不免诧异，如洋博士被人认为西洋文学专家一样，也可听天由命去吧。近有感想，因见上海弄堂屋宇比接，隔帘花影，每每动人，想起美国有自动油布窗幔，一拉即下，一拉即上，至此无人"提倡"、"介绍"，也颇思"提倡"一下。倘得方巾气的批评家不加我以"提倡油布窗幔救国"罪名，则幸甚矣。

在反对方巾气文中，我偏要说一句方巾气的话。倘是我能减少一点国中的方巾气，而叫国人取一种比较自然活泼的人生观，也就在介绍西洋文化工作中，尽一点点国民义务。这句话也是我自幼念惯"今夫天下"之遗迹。我生活之严肃人家才会诧异哩。

　　因为西方现代文化是有自然活泼的人生观，是经过十九世纪浪漫潮流解放过，所以现代西洋文化是比较容忍比较近情的。我倒认为这是西方民族精神健全之征象。在中国新文化虽经提倡，却未经过几十年浪漫潮流之陶炼，人之心灵仍是苦闷，人之思想仍是干燥。一有危艰，大家轰轰然一阵花炮，五分钟后就如昙花一现而消灭。因为人之心灵根本不健全，乐与苦之间失了调剂。叫苦固然看来比嬉笑或闲适认真爱国，无奈叫苦会喉干舌燥。这一股气既然接不上去，叫苦之后就是沉寂，宛如小孩哭后，想睡眠。虽然偶然在沉寂中哼唧一两声，也是病榻呻吟，酸腐颓丧，疲靡之音。现在文学中好像就没听见声音洪亮的喊声，只有躲在黑地放几根冷箭罢了。但人之心理，总是自以为是，所以有吮痈之癖。自己萎弱，恶人健全；自己恶动，忌人活泼；自己饮水，嫉人喝茶；自己呻吟，恨人笑声，总是心地欠宽大所致。两千年来方巾气仍旧把二十世纪的白话文人压得不能喘气，结果文学上也只听见嗡嗡而已。

　　所谓西洋自然活泼的人生观，可举新例说明。譬如游玩是自然的，以前儒塾就禁止小孩游玩，近来教育观念解放了，近乎自然了，于是不但不禁止游玩，并且在幼稚园、小学、中学利用游玩养儿童的德行。西洋夫妇卿卿我我，携手同游，也不过承认男女之乐为人类所应有，不必矫饰，于是慨然携手同行于街上，忝不为怪，由中国人看来，也只能暗羡洋鬼子会享艳福。一旦中国人也男女解放起来，却认为不可，说是伤风败俗。看见西人男女裸身海浴水戏，虽然也会羡慕，但是看见中国男女裸身海浴，必登时骂其为世风不古。西洋女子服装尽管妖艳，西洋现代的批评，却没见有人说她们是有伤风化，因为他们已有浪漫派容忍观点。然在中国看见西洋女子之妖装艳服，虽然佩服，看见中国女子一样服装，便要骂其为摩登。西洋舞台跳舞，如草裙舞，妖邪比中国何止百倍，但是未闻西方思想家抨击，而实际上西人也并未因看草裙舞而遂忘了爱国。中国人却不能容忍草裙舞,板起道学面孔,詈为人心大变天下大乱之征。然而中国人并不因生活之严肃而道德高尚,国家富强起来。全国布满了一种阴森发霉虚伪迂腐之气而已。所以这种方巾气的批评家虽自己受压迫而哼几声,唾骂"文化统一",哀怨"新闻检查",自己一旦做起新闻检查员来,才会压迫人家得厉害。我看见女儿见两只臭虫在床板上争辩,甲骂乙:"你是臭虫!"乙也回骂甲:"你是臭虫!"我却躲在旁边胡卢大笑。

因为心灵根本不健全,生活上少了向上的勇气,所以方巾气的批评,也只善摧残。对提倡西方自然活泼的人生观,也只能诋毁,不能建树。对《论语》批评曰"中国无幽默"。中国若早有幽默,何必办《论语》来提倡?在旁边喊"中国无幽默"并不会使幽默的根芽逐渐发扬光大。况且《论语》即使没有幽默的成功作品,却至少改过国人对于幽默的态度,除非初出茅庐小子,还在注意宇宙及救国"大道",都对于幽默加一层的认识,只有一些一知半解似通非通的人,还未能接受西方文化对幽默的态度。这种消极摧残的批评,名为提倡西方文化实是障碍西方文化,而且自身就不会有结实的成绩。《人间世》出版,动起哼唧哼唧派的方巾气,七手八脚,乱吹乱擂,却丝毫没有打动了《人间世》。连一篇像样的对《人间世》的内容及编法的批评,足供我虚心采择的也没有。例如我自己认为第一期谈花树春光游记文字太多不满之处,就没有人指出。总而言之,没有一篇我认为够得上批评《人间世》的文字。只有胡噜一篇攻击周作人的诗,是批评内容,但也就浅薄得可笑,只攻击私人而已。《人间世》之错何在,吾知之矣。用仿宋字太古雅。这在方巾气的批评家,是一种不可原谅的罪案。

一团矛盾

有一次，几个朋友问他："林语堂，你是谁？"他回答说："我也不知道他是谁，只有上帝知道。"又有一次，他说："我只是一团矛盾而已，但是我以自我矛盾为乐。"他喜爱矛盾。他喜欢看到交通安全宣传车出了车祸撞伤人，有一次他到北平西郊的西山上一个庙里，去看一个太监的儿子。他把自己描写成为一个异教徒，其实他在内心却是个基督徒。现在他是专心致力于文学，可是他总以为大学一年级时不读科学是一项错误。他之爱中国和中国人，其坦白真实，甚于所有的其他中国人。他对法西斯没有好感，他认为中国理想的流浪汉才是最有身份的人，这种极端的个人主义者，才是独裁的暴君最可怕的敌人，也是和他苦斗到底的敌人。他很爱慕西方，但是鄙视西方的教育心理学家。他一度自称为"现实理想主义家"，又称自己是"热心人冷眼看人生"的哲学家。他喜爱妙思古怪的作家，但也同样喜爱平实贴切的理解。他感兴趣的是文学、漂亮的乡下姑娘、地质学、原子、音乐、电子、电动刮胡刀，以及各种科学新发明的小物品。他用胶泥和滴流的洋蜡做成有颜色的景物和人像，摆在玻璃上，借以消遣自娱。他喜爱在雨中散步；游水大约三码之远；喜爱辩论神学；喜爱和孩子们吹肥皂泡儿。见湖边垂柳浓荫幽僻之处，则兴感伤怀，对于海洋之美却茫然无所感。一切山峦，皆所喜爱。与男友相处，爱说脏话，对女人则极其正流。

生平无书不读。希腊文，中文，及当代作家；宗教，政治，科学。爱读纽约《时代杂志》的 Topics 栏及《伦敦时报》的"第四社论"；还有一切在四周加框儿的新闻，及科学医药新闻；鄙视一切统计学——认为统计学不是获取真理真情可靠的方法；也鄙视学术上的术语——认为那种术语只是缺乏妙悟真知的掩饰。对一切事物皆极好奇；对女人的衣裳，罐头起子，鸡的眼皮，都有得意的看法。一向不读康德哲学，他说实在无法忍受；憎恶经济学。但是喜爱海涅，司泰苏·李卡克（Stephen Leacock）和黑乌德·布润恩（Heywood Broun）。很迷"米老鼠"和"唐老鸭"。另外还有男星要翁纳·巴利摩（Lionel Barrymore）和女星凯瑟琳·赫本（Katherin Hepburn）。

他与外交大使或庶民百姓同席共坐，全不在乎，只是忍受不了礼仪的拘束。他决不存心给人任何的观感。他恨穿无尾礼服，他说他穿上之后太像中国的西崽。他不愿把自己的照片发表出去，因为读者对他的幻象是个须髯飘动落落大方年长的东方哲人，他不愿破坏读者心里的这个幻象。只要他在一个人群中间能轻松自如，他就喜爱那个人群；否则，他就离去。当年一听陈友仁的英文，受了感动，就参加了汉口的革命政府，充任外交部的秘书，做了四个月，弃政治而去，因为他说，他"体会出来自己是个草食动物，而不是肉食动物，自己善于治己，而不善于治人。"他曾经写过："对我自己而言，顺乎本性，就是身在天堂。"

对妻子极其忠实，因为妻子允许他在床上抽烟。他说："这总是完美婚姻的特点。"对他三个女儿极好。他总以为他那些漂亮动人的女朋友，对他妻子比对他还亲密。妻子对他表示佩服时，他也不吝于自我赞美，但不肯在自己的书前写"献给吾妻……"那未免显得过于公开了。

他以道家老庄之门徒自序，但自称在中国最为努力工作者，非他莫属。他不耐静立不动；若火车尚未进站，他要在整个月台上漫步，看看店铺的糖果和杂志。宁愿走上三段楼梯，不愿静候电梯。洗碟子洗得快，但总难免损坏几个。他说爱迪生二十四小时不睡觉算不了什么；那全在于是否精神专于工作。"美国参议员讲演过了五分钟，爱迪生就会打盹入睡，我林语堂也会。"

他唯一的运动是逛大街,另有就是在警察看不见时,在纽约中央公园的草地上躺着。

只要清醒不睡眠时,他就抽烟不止,而且自己宣称他的散文都是由尼古丁构成的。他知道他的书上哪一页尼古丁最浓。喝杯啤酒就头晕,但自以为不能忘情于酒。

在一篇小品文里。把自己人生的理想如此描写:

"此处果有可乐,我即别无所畏。"

"我愿自己有屋一间,可以在内工作。此屋既不需要特别清洁,亦不必过于整齐。不需要《圣美利舍的故事》(Story of San Michelet)中的阿葛萨(Agathe)用抹布在她能够到的地方都去摩擦干净。这个屋子只要我觉得舒适、亲切、熟悉即可。床的上面挂一个佛教的油灯笼,就是你看见在佛教或是天主教神坛上的那种灯笼。要有烟,发霉的书,无以名之的其他气味才好……"

"我要几件士绅派头儿的衣裳,但是要我已经穿过几次的,再要一双旧鞋。我须要有自由,愿少穿就少穿……若是在阴影中温度高到华氏九十五度时,在我的屋里,我必须有权一半赤身裸体,而且在我的仆人面前我也不以此为耻。他们必须和我自己同样看着顺眼才行。夏天我需要淋浴,冬天我要有木柴点个舒舒服服的火炉子。"

"我需要一个家,在这个家里我能自然随便……我需要几个真有孩子气的孩子,他们要能和我在雨中玩耍,他们要像我一样能以淋浴为乐。"

"我愿早晨听喔喔公鸡叫。我要邻近有老大的乔木数株。"

"我要好友数人,亲切一如日常的生活,完全可以熟不拘礼,他们有些烦恼问题,婚姻问题也罢,其他问题也罢,皆能坦诚相告,他们能引证希腊喜剧家阿里士多芬(Aristophanes)的喜剧中的话,还能说荤笑话,他们在精神方面必须富有,并且能在说脏话和谈哲学的时候坦白自然,他们必须各有其癖好,对事物必须各有其定见。这些人要各有其信念,但也对我的信念同样尊重。"

"我需要一个好厨子,他要会做素菜,做上等的汤。我需要一个很老的仆人,心目中要把我看做是个伟人,但并不知道我在哪方面伟大。"

"我要一个好书斋,一个好烟斗,还有一个女人,她须要聪明解事,我要做事时,她能不打扰我,让我安心做事。"

"在我书斋之前要修篁数竿,夏日要雨天,冬日要天气晴朗,万里一碧如海,就犹如我在北平时的冬天一样。"

"我要有自由能流露本色自然,无须乎作伪。"

"按照中国学者给自己书斋起个斋名的习惯,我称我的书斋'有不为斋'。"

在一篇小品文里他自己解释说:

"我憎恶强力,永远不骑墙而坐;我不翻跟头,体能上的也罢,精神上的也罢,政治上的也罢。我甚至不知道怎么样趋时尚,看风头。"

"我从来没有写过一行讨当局喜欢或是求取当局爱慕的文章。我从来没说过讨哪个人喜欢的话,连那个想法压根儿就没有。"

"我从未向中国航空基金会捐过一文钱,也从未向由中国正统道德会主办的救灾会捐过一分钱。但是我却给过可爱的贫苦老农几块大洋。"

"我一向喜爱革命,但一直不喜爱革命的人。"

"我从来没有成功过,也没有舒服过,也没有自满过。我从来没有照照镜子而不感觉到惭愧得浑身发麻。"

"我极厌恶小政客,不论在什么机构,我都不屑于与他们相争斗。我都是避之唯恐不及。因为我不喜欢他们的那副嘴脸。"

"在讨论本国的政治时,我永远不能冷静超然而不动情感,或是圆通机智而八面玲珑。我从来不能摆出一副学者气，永远不能两膝发软，永远不能装作伪善状。"

"我从来没救少女出风尘，也没有劝异教徒归向主耶稣。我从来没感觉到犯罪这件事。"

"我以为我像别人同样有道德，我还以为上帝若爱我能如我母亲爱我的一半，他也不会把我送进地狱去。我这样的人若是不上天堂，这个地球不遭殃才怪。"

"我在《生活的艺术》里说，理想的人并不是完美的人，而只是一个令人喜爱而通情达理的人，而他也不过尽力做那么样的一个人罢了。"

灵与肉

哲学家所不愿承认的一桩最明显的事实，就是我们有一个身体。我们的说教者因为看见我们人类的缺憾，以及野蛮的本能和冲动，看得厌倦了，所以有时希望我们生得跟天使一样，然而我们完全想象不出天使的生活是怎样的。我们不是以为天使也有一个和我们一样的肉体和形状——除了多生一对翅膀——就是以为他们没有肉体。关于天使的形状，一般的观念依旧以为是和人类一样的肉体，另外多了一对翅膀：这是很有趣味的事。我有时觉得有肉体和五官，纵使对于天使，也是有利的。如果我是天使的话，我愿有少女的容貌，可是我如果没有皮肤，怎样能得到少女般妩媚的容貌呢？我将依旧喜欢喝一杯茄汁或冰橘汁，可是我如果没有渴的感觉，怎样能享受冰橘汁呢？而且，当我不能感觉饥饿的时候，我怎样能享受食物呢？一个天使如果没有颜料，怎样能够绘画？如果听不到声音,怎样能够唱歌？如果没有鼻子,怎样能够嗅到清晨的新鲜空气？如果他的皮肤不会发痒,他怎样能够享受搔痒时那种无上的满足？这在享受快乐的能力上,该是一种多么重大的损失!我们应该有肉体,而且我们一切肉体上的欲望都能得到满足,否则我们便应该变成纯粹的灵魂,完全没有满足。一切满足都是由欲望而来的。

我有时觉得,鬼魂或天使没有肉体,真是一种多么可怕的刑罚:看见一条清冽的流水,而没有脚可以伸下去享受一种愉快的冷感,看见一碟北平或琅岛(Long Island——美国地名)的鸭而没有舌头可以尝它的味道,看见烤饼而没有牙齿可以咀嚼它,看见我们亲爱的人们的可爱的脸孔,而对他们没有情感可以表现出来。如果我们的鬼魂有一天回到这世间来,静悄悄地溜进我们的孩子的卧室,看见一个孩子躺在床上,而我们没有手可以抚摸他,没有臂膀可以拥抱他,没有胸部可以感觉他的身体的温暖, 面颊和肩膀之间没有一个圆圆的弯凹处,使他可以紧挨着,没有耳朵可以听他的声音,我们是会觉得多么悲哀啊。

如果有人为"天使无肉体论"而辩护的话,他的理由一定是极端模糊而不充分的。他也许会说:"啊,不错,可是在神灵的世界里,我们并不需要这种满足。""可是你有什么东西可以替代这种满足呢?"回答是完全的沉默;或许是:"空虚——和平——宁静。""你在这种情境里可以得到什么呢?""没有劳作,没有痛苦,没有烦恼。"我承认这么一个天堂对于船役囚徒具有很大的吸引力。这种消极的理想和快乐观念是太近于佛教了,其来源与其说是欧洲,不如说是亚洲(在这里是指小亚细亚)。

这种理论必然是无益的,可是我至少可以指出没有"感觉的神灵"的观念是十分不合理的,因为我们越来越觉得宇宙本身也是一个有感觉的东西。神灵的一个特性也许是动作,而不是静止,而没有肉体的天使的快乐,也许是像以每秒钟两万或三万周的速率旋转于阳核的阳电子那样地旋转着。天使在这里也许得到了莫大的快乐,比在游乐场中乘游览名胜的小火车更为有趣。这里一定有一种感觉。或许那个没有肉体的天使会像光线或宇宙光线那样,在以太的波浪中,以每秒钟十八万三千英里的速率,绕着曲线形的空间而发射吧。一定还有精神上的颜料使天使可以绘画,以享受某种创造的形式;一定还有以太的波动,给天使当做音调、声音和颜色来感受;一定还有以太的微风去吹拂天使的脸颊。如果不然,神灵本身便会像污水塘里的水一样地停滞起来,或像人在一个没有一点新鲜空气的闷热的下午所感觉到的一样。世间如果还有人生的话,就依然必须有动作和情感(无论是什么一种形式);而一定不是完全的休止和无感觉的状态。

工作的动物

　　人生的盛宴已经摆在我们的面前,现在唯一的问题是我们的胃口怎样。问题是胃口而不是盛宴。关于人,最难了解的事情终究是他对工作的观念,及他指定给自己做的工作或社会指定给他做的工作。世间的万物都在悠闲中过日子,只有人类为生活而工作着。他工作着,因为他必须工作,因为在文化日益进步的时候,生活也变得更加复杂,到处是义务、责任、恐惧、阻碍和野心,这些东西不是由大自然产生出来的,而是由人类社会产生出来的。当我在这里坐在我的书台边时,一只鸽子在我窗外绕着一座礼拜堂的尖塔飞翔着,毫不忧虑午餐吃什么东西。我知道我的午餐比那鸽子的午餐复杂得多,我也知道我所要吃的几样东西,乃是成千累万的人们工作的结果,需要一个极复杂的种植、贸易、运输、递送和烹饪的制度,为了这个原因,人类要获得食物是比动物更困难的。虽然如此,如果一只莽丛中的野兽跑到都市来,知道人类生活的匆忙是为了什么目的,那么,它对这个人类社会一定会发生很大的疑惑。

那莽丛中的野兽的第一个思想一定是:人类是唯一在工作的动物。除了几只驮马和磨坊里的水牛之外,连家畜也不必工作。警犬不大有执行职务的机会;以守屋为职责的家犬多数的时候是在玩耍的,早晨阳光温暖的时候总要舒舒服服地睡一下;那贵族化的猫儿的确不会为生活而工作,天赋给它一个矫捷的身体,使它可以随时跳过邻居的篱笆,它甚至于不感觉到它是被俘囚的——它要到什么地方去就去。所以,世间只有这个劳苦工作着的人类,驯服地关在笼子里,可是没有食物的供养,被这个文化及复杂的社会强迫着去工作,去为自己的供养问题而烦虑着。我知道人类也有其长处——知识的愉快,谈话的欢乐和幻想的喜悦,例如,在看一出舞台戏的时候。可是我们不能忘掉一个根本的事实,就是:人类的生活弄得太复杂了,光是直接或间接供养自己的问题,已经需要我们人类十分之九以上的活动了。文化大抵是寻找食物的问题,而进步是一种使食物越来越难得到的发展。如果文化不使人类那么难于获得食物,人类绝对没有工作得那么劳苦的必要。我们的危机是在过分文明,是在获取食物的工作太苦,因而在获取食物的过程中,失掉吃东西的胃口——我们现在的确已经达到这个境地了。由莽丛中的野兽或哲学家的眼光看起来,这似乎是没有什么意义的。

我每次看见都市的摩天楼或一望相连的屋顶时, 总觉得心惊胆战。这真是令人惊奇的景象。两三座水塔,两三个钉广告牌的铜架,一两座尖塔,一望相连的沥青的屋顶材料和砖头,形成一些四方形的、蠢立的、垂直的轮廓，完全没有什么组织或次序，点缀着一些泥土，退色的烟突，以及几条晒着衣服的绳索和交叉着的无线电天线。我俯视街道，又看见一列灰色或退色的红砖的墙壁，墙壁上有成列的、千篇一律的、阴暗的小窗，窗门一半开着，一半给阴影掩蔽着，窗槛上也许有一瓶牛乳，其他的窗槛上有几盆细小的病态的花儿。每天早上，有一个女孩子带着她的狗儿跑到屋顶来，坐在屋顶的楼梯上晒太阳。当我再仰首眺望时，我看见一列一列的屋顶，连接几英里远，形成一些难看的四方形的轮廓，一直伸展到远方去。又是一些水塔，又是一些砖屋。人类便居住在这里。他们怎样居住呢？每一家就住在这么一两个阴暗的窗户的后边吗？他们做什么事情过活呢？说来真是令人咋舌。在两三个窗户的后边就有一对夫妻，每天晚上像鸽子那样地回到他们的鸽笼里去睡觉。接着他们在早晨清醒了，喝过咖啡，丈夫到街上去，到某地方为家人寻找面包，妻子在家里不断地、拼命地要把尘埃扫出去，使那小地方干净。到下午四五点钟时她们跑到门边，和邻居相见，大家谈谈天，吸吸新鲜空气，到了晚上，他们带着疲乏的身体再上床去睡。他们就这样生活下去啦！

还有其他比较小康的人家，住在较好的公寓里。他们有着更"美术化"的房间和灯罩。房间更井然有序，更干净！房中比较有一点空处，但也仅是一点点而已。租了一个七个房间的公寓已算是奢侈的事情，更不必说自己拥有一个七个房间的公寓了！可是这也不一定使人有更大的快乐。较没有经济上的烦虑，债务也较少，那是真的。可是同时却较多情感上的纠纷，较多离婚的事件，较多不忠的丈夫晚上不回家，或夫妻俩晚上一同到外边去游乐放荡。他们所需要的是娱乐。天哪，他们须离开这些单调的、千篇一律的砖头墙壁和发光的木头地板去找娱乐！他们当然会跑去看裸体女人啦。因此患神经衰弱症的人更多，吃阿司匹林药饼的人更多，患贵族病的人更多，患结肠炎、盲肠炎和消化不良症的人更多,患脑部软化和肝脏变硬的人更多,患十二指肠烂溃症和肠部撕裂症的人更多,胃部工作过度和肾脏负担过重的人更多,患膀胱发炎和脾脏损坏症的人更多,患心脏胀大和神经错乱的人更多,患胸部平坦和血压过高的人更多,患糖尿病、肾脏炎、脚气症、风湿痹、失眠症、动脉硬化症、痔疾、瘘管、慢性痢疾、慢性大便秘结、胃口不佳和生之厌倦的人更多。这样还不够,还得使狗儿多些,孩子少些。快乐的问题完全看那些住在高雅的公寓里的男女的性质和脾气如何而定。有些人的确有着欢乐的生活,但其他的人却没有。可是在大体上说来,他们也许比那些工作劳苦的人更不快乐;他们感到更大的无聊和厌倦。然而他们有一部汽车,或许也有一座乡间住宅。啊,乡间住宅,这是他们的救星,这么一来,人们在乡间劳苦工作,希望到都市去,在都市赚到足量的金钱,可以再回乡间去隐居。

当你在都市里散步的时候,你看见大街上有美容室、鲜花店和运输公司,后边一条街上有药店、食品杂货店、铁器店、理发店、洗衣店、小餐馆和报摊。你闲荡了一个钟头,如果那是一个大都市的话,你依然是在那都市里;你只看见更多的街道、更多的药店、食品杂货店、铁器店、理发店、洗衣店、小餐馆和报摊。这些人怎样生活度日呢?他们为什么到这里来呢?答案很简单。洗衣匠、洗理发匠和餐馆堂倌的衣服,餐馆堂倌侍候洗衣匠和理发匠吃饭,而理发匠则替洗衣匠和堂倌理发,那便是文化。那不是令人惊奇的事吗?我敢说有些洗衣匠、理发匠和堂倌一生不曾离开过他们工作的地方,到十条街以外的地方去的。谢天谢地,他们至少有电影,可以看见鸟儿在银幕上唱歌,看见树木在生长,在摇曳。土耳其、埃及、喜马拉雅山、安第斯山(Andes)、暴风雨、船舶沉没、加冕典礼、蚂蚁、毛虫、麝鼠、蜥蜴和蝎的格斗,山丘、波浪、沙、云,甚至于月亮——一切都在银幕上!

嗬,智慧的人类,极端智慧的人类!我赞颂你。人们劳苦着,工作着,为生活而烦虑到头发变白,忘掉游玩:这种文化是多么不可思议啊!

快乐人生

人生之享受包括许多东西:我们自己的享受,家庭生活的享受,树、花、云、弯曲的河流、瀑布和大自然形形色色的享受,此外又有诗歌、艺术、沉思、友情、谈话、读书的享受,后者这些享受都是心灵交通的不同表现。有些享受是显而易见的,如食物的享受,欢乐的社交会或家庭团聚,天气晴朗的春日的野游;有些享乐是较不明显的,如诗歌、艺术和沉思的享受。我觉得不能够把这两类的享受分为物质的和精神的,一来因为我不相信这种区别,二来因为我要作这种分类时总是不知适从。当我看见一群男女老幼在举行一个欢乐的野宴时,我怎么说得出在他们的欢乐中哪一部分是物质的,哪一部分是精神的呢?我看见一个孩子在草地上跳跃着,另一个孩子用雏菊在编造一只小花圈,他们的母亲手中拿着一块夹肉面包,叔父在咬一个多汁的红苹果,父亲仰卧在地上眺望着天上的浮云,祖父口中衔着烟斗。也许有人在开留声机,远远传来音乐的声音和波涛的吼声。在这些欢乐之中,哪一种是物质的,哪一种是精神的呢?享受一块夹肉面包和享受周遭的景色(后者就是我们所谓诗歌),其差异是否可以很容易地分别出来呢?音乐的享受,我们称之为艺术;吸烟斗,我们称之为物质的享受:可是我们能够说前者是比后者更高尚的欢乐吗?所以,在我看来,这种物质上和精神上的欢乐的分别是混乱的,莫名其妙的,不真实的。我疑心这分类是根据一种错误的哲学理论,把灵和肉严加区别,同时对我们的真正的欢乐没有做过更深刻更直接的研究。

难道我的假定太过分了,拿人生的正当目的这个未决定的问题来作论据吗?我始终认为生活的目的就是生活的真享受。我用"目的"这个名词时有点犹豫。人生这种生活的真享受的目的,大抵不是一种有意的目的,而是一种对人生的自然态度。"目的"这个名词含着企图和努力的意义。人生于世,所碰到的问题不是他应该以什么做目的,应该怎样实现这个目的,而是要怎么利用此生,利用天赋给他的五六十年的光阴。他应该调整他的生活,使他能够在生活中获得最大的快乐,这种答案跟如何度周末的答案一样的实际,不像形而上学的问题,如人生在宇宙的计划中有什么神秘的目的之类,那么只可以作抽象而渺茫的答案。

反之,我觉得哲学家在企图解决人生的目的这个问题时,是假定人生必有一种目的的。西方思想家之所以把这个问题看得那么重要,无疑地是因为受了神学的影响。我想我们对于计划和目的这一方面假定得太过分了。人们企图答复这个问题,为这个问题而争论,给这个问题弄得迷惑不解,这正可以证明这种工夫是徒然的、不必要的。如果人生有目的或计划的话,这种目的或计划应该不会这么令人困惑,这么渺茫,这么难于发现。

这问题可以分做两个问题:第一是关于神灵的目的,是上帝替人类所决定的目的;第二是关于人类的目的,是人类自己所决定的目的。关于第一个问题,我不想加以讨论,因为我们认为所谓上帝所想的东西,事实上都是我们自己心中的思想;那是我们想象会存在上帝心中的思想,然而要用人类的智能来猜测神灵的智能,确实是很困难的。我们这种推想的结果常常使上帝做我们军中保卫旗帜的军曹,使他和我们一样地充满着爱国狂;我们认为上帝对世界或欧洲绝对不会有什么"神灵目的"或"定数",只有对我们的祖国才有"神灵目的"或"定数"。

我相信德国纳粹党人心目中的上帝一定也带着 B 字的臂章。这个上帝始终在我们这一边，不会在他们那一边。可是世界上抱着这种观念的民族也不仅日耳曼人而已。

至于第二个问题，争点不是人生的目的是什么，而是人生的目的应该是什么；所以这是一个实际的而不是形而上学的问题，对于"人生的目的应该是什么"这个问题，人人都可以有他自己的观念和价值标准。我们为这问题而争论，便是这个缘故，因为我们彼此的价值标准都是不同的。以我自己而论，我的观念是比较实际，而比较不抽象的。我以为人生不一定有目的或意义。惠特曼说："我这样做一个人，已经够了。"我现在活着——而且也许可以再活几十年——人类的生命存在着，那也已经够了。用这种眼光看起来，这个问题便变得非常简单，答案也只有一个了。人生的目的除了享受人生之外，还有什么呢？

这个快乐的问题是一切无宗教的哲学家所注意的重大问题，可是基督教的思想家却完全置之不问，这是很奇怪的事情。神学家所烦虑的重大问题，并不是人类的快乐，而是人类的"拯救"——"拯救"真是一个悲惨的名词。这个名词在我听来很觉刺耳，因为我在中国天天听见人家在谈"救国"。大家都想要"救"中国。这种言论使人有一种在快要沉没的船上的感觉，一种万事俱休的感觉，大家都在想全生的最好方法。基督教——有人称之为"两个没落的世界（希腊和罗马）的最后叹息"——今日还保存着这种特质，因为它还在为拯救的问题而烦虑着，人们为离此尘世而得救的问题烦虑着，结果把生活的问题也忘掉了。人类如果没有濒于灭亡的感觉，何必为得救的问题那么忧心呢？神学家那么注意拯救的问题，那么不注意快乐的问题，所以他们对于将来，只能告诉我们说有一个渺茫的天堂。当我们问道：我们在那边要做什么呢，我们在天堂要怎样得到快乐呢，他们只能给我们一些很渺茫的观念，如唱诗，穿白衣裳之类。如果神学家不把天堂的景象弄得更生动,更近情,那么,我们真不想牺牲这个尘世的生活,而到天堂里去。有人说:"今日一只蛋比明日一只鸡更好。"至少当我们在计划怎样过暑假的生活的时候,我们也要花些工夫去探悉我们所要去的地方。如果旅行社对这问题答得非常含糊,我是不想去的:我在原来的地方过假期好了。我们在天堂里要奋斗吗?要努力吗?(我敢说那些相信进步和努力的人一定要奋斗不息,努力不息的。)可是当我们已经十全十美的时候,我们要怎样努力,怎样进步呢? 或者,我们在天堂里可以过着游手好闲,无所事事,无忧无虑的日子? 如果是这样的话,我们在这尘世上过游手好闲的生活,比为将来永生生活作准备,岂不更好?

如果我们必须有一个宇宙观的话,让我们忘掉自己,不要把我们的宇宙观限制于人类生活的范围之内。让我们把宇宙观扩大一些,把整个世界——石、树和动物——的目的都包括进去。宇宙间有一个计划("计划"一词,和"目的"一样,也是我所不欢喜的名词)——我的意思是说,宇宙间有一个模型;我们对于这整个宇宙,可以先有一种观念——虽然这个观念不是最后固定不移的观念——然后在这个宇宙里占据我们应该占的地位。这种关于大自然的观念,关于我们在大自然中的地位的观念,必须很自然,因为我们生时是大自然的重要部分,死后也是回返到大自然去的。天文学、地质学、生物学和历史都给我们许多良好的材料,使我们可以造成一个相当良好的观念(如果我们不作草率的推断)。如果在宇宙的目的这个更广大的观念中,人类所占据的地位稍微减少其重要性,那也是不要紧的。他占据着一个地位,那已经够了,他只要和周遭自然的环境和谐相处,对于人生本身便能够造成一个实用而合理的观念。

我的信仰

　　我素不爱好哲学上无聊的理论、哲学名词,如柏拉图的"意象",斯宾诺沙的"本质"、"本体"、"属性",康德的"无上命令"等,总使我怀疑哲学的念头已经钻到牛角尖里去了。一旦哲学理论的体系过分动听,逻辑方面过分引人入胜时,我就难免心头狐疑。自满自足,逻辑得有点呆气的哲学体系,如黑格尔的历史哲学,卡尔文的人性堕落说,仅引起我一笑而已。等而下之,政治上的主义,如流行的法西斯主义与共产主义。不过这二者之间,共产主义还较能引起我的尊重,因它在理想方面毕竟是以博爱平民为主旨;至于法西斯主义则根本上就瞧不起平民。二者都是西方唯智论的产物,在我看来似都缺少自制克己的精神。

　　科学研讨分析生命上细微琐碎之事,我颇有耐心;只是对于剖析过细的哲学理论,则殊觉厌烦。虽然,不论科学、宗教或哲学,若以简单的文字出之,却都能使我入迷。其实说得浅近点,科学无非是对于生命的好奇心,宗教是对于生命的崇敬心,文学是对于生命的赞赏,艺术是对于生命的欣赏;根据个人对于宇宙之了解所生的对于人生之态度,是谓哲学。我初入大学时,不知何者为文科,何者曰理科,然总得二者之中择其一,是诚憾事也。我虽选文科,然总觉此或是一种错误。我素嗜科学,故同时留意科学的探究以补救我的缺失。如果科学为对于生命与宇宙之好奇感的话不谬,则我也可说是个科学家。同时,我秉心虔敬,故所谓"宗教"常使我内心大惑。我虽为牧师之子,然此殊不能完全解释我的态度也。

　　我以普通受过教育之人的资格,对于生命,对于生活,对于社会、宇宙及造物,曾想采取一个和谐而一贯的态度。我虽天性不信任哲学的理论体系,然此非谓对于人生——如金钱、结婚、成功、家庭、爱国、政治等——就不能有和谐而一贯的态度。我却以为知道毫无破绽的哲学体系之不足凭信,反而使采取较为近情、一贯而和谐的人生观较为简易。

我深知科学也有它的限度,然我崇拜科学,我老是让科学家去小心地兢兢业业地工作着,我深信他是诚实可靠的。我让他去为我寻求发现物质的宇宙,那个我所渴望知道的物质的宇宙。但一旦取得科学家对于物质宇宙的知识后,我记住人总比科学家伟大,科学家是不能告诉我们一切的,他并不能告诉我们最重要的事物,他不能告诉我们使人快乐的事物。我还得依赖"良知(bonsens)",那个似乎还值得复活的十八世纪的名词。叫它"良知"也好,叫它常识也好,叫它直觉或触机也好,其实它只是一种真诚的由衷的,半幽默半狂妄,带点理想色彩而又有些无聊然却有趣的思维。先让想象力略为放肆着,然后再加以冷嘲,正如风筝与其线那样。一部人类历史恰如放风筝:有时风太急了,就把绳收得短些;有时它被树枝绊住了,只是风筝青云直上,抵达愉快的太空——啊,恐不能这么尽如人意吧。

自有伽利略以来,科学之影响如此其广且深,吾人无有不受其影响者。近代人类对于造物、宇宙,对物质的基础性质及构造,关于人类的创造及其过去的历史,关于人的善与恶,关于灵魂不灭,关于罪恶,惩罚,上帝的赏罚,以及关于人类动物的关系等的观念,自有伽利略以来,都经过莫大的变动了。大体上我可说:在我们的脑筋里上帝是愈来愈伟大,人是变得愈来愈渺小;而人的躯壳即变得愈纯洁,灵魂不灭的观念却亦愈模糊了。因此与信仰宗教有关的重要概念,如上帝、人类、罪恶及永生(或得救)均得重新加以检讨。

我情不自禁地寻求科学知识之进步怎样予宗教的繁文缛节以打

击,并非我不虔敬,倒是因为我对于宗教非常感兴趣。虽则基督之山上垂训,与乎道德境界及高洁生活的优美,仍然深入人心,然我们必须大胆承认宗教的工具——宗教所赖以活动的观念,如罪恶、地狱等——却已为科学摧残无余了。我想真正像地狱的,在今日大学生中恐百不得一,或简直千不得一吧。这些基本的观念即已大大地变更了,则宗教本身,至少在教会,当然是难免要受影响的了。

方才我说上帝在我们脑中比前来得巨大而人却变得渺小,我意指物质方面而言。因为上帝既然充其量只能与宇宙同其广大,而现代天文学告诉我们的物质的宇宙愈来愈广阔无际,我们自然心头起恍惚畏惧之感。宗教与夫以人类为中心的种种信念的最大敌人是二百英寸的望远镜。数星期前我读纽约报纸的记载,说是有一位天文学家新近发现一簇离地球有二十五万光年的星群,那时我顿觉往昔对于人类在天地间所处之地位观念未免太可笑了。这些事物对于我们的信念,其影响不能谓为不大。许久以前我就觉得我在造物宇宙的心目中是何等渺小卑微,而灭亡、惩罚、赎罪等办法何等乖谬狂妄了。上帝以人有缺点而加以惩治,正如人类制定法规,以惩治虫蛆蚂蚁,或使其悔改赎罪,同样荒谬无据。

善恶报应,以及代人赎罪之价值与必要等观念,皆因科学与近代知识之进步而变更了。理想化的至善与罪恶之对立观念已不足信了。知道人由下等动物进化而来并承受动物之本能,则觉向来人性善恶之争颇属无谓。吾人之不能责人类有情欲,正如吾人不能责海狸有情欲一样。因此基督教基础的关于肉欲之罪恶的神秘思想显然失其意义了。所以那中古的、僧侣的、与夫宗教所特有的对于身躯及物质生活的态度,均归消灭了,取而代之是一种较为健全合理的对于人及尘世一切的看法。谓上帝因人类有缺点或因正在进化的半途中尚未达至善之境而恼怒,是诚无聊的话耳。

宗教最使我不满的一端便是它的看重罪恶。我并不自知罪孽深重，更不觉我有何为天所不容之处。多数人如能平心静气，亦必已与我抱同一之见解。我虽非圣贤，做人倒也相当规矩。在法律方面，我是完美无疵的；至于在道德方面则不能十全十美。但是我道德上之缺点，如间或有之的说说谎与撒撒烂污之类，给他算个总账，叫我妈妈去审判，充其量，她也只能定我三年有期徒刑而已，绝不会说是判我投入阎王那里的油锅的。这不是吹牛；我朋友中间该受五年有期徒刑的也委实很少。如果我能见妈妈于地下而无愧，则在上帝面前我有何惧哉！我母亲不能罚我入地狱里的油锅，这是我所深知的。我深信上帝必也同样近情与明鉴。

基督教教义的另一端是至善的观念。所谓至善，便是伊甸乐园里的人的境界；亦即是将来天国里的境界。干吗至善呢？我委实不懂。所谓至善，实也不是爱美的本能所产生的。至善之观念，即为耶稣降生后数百年中小亚细亚的那种逻辑的产物，其意乃谓我们欲与上帝为伴，既想与上帝为伴而进天国，则非做到至善的地步不可。故只是想进天国至乐之境一念之产物，并无逻辑之根据，纯是一种神秘思想而已。我诚疑基督徒如不许以天国，不知还愿做一个至善的人否？在实际日常生活中，所谓至善是并无任何意义的。因此我亦不造成"完人"那种思想。理想的人倒是一个相当规矩而能以自己之见解评判是非的人。在我看来，理想的人无非是一个近情的人，愿意认错愿意改过，如斯而已。

以上所说的那种信仰未免太使真诚的基督教徒惶惑不安了。然而非大着胆不拘礼节地说老实话，我们是不配谈真理的。在这点上，我们该学科学家。在大体上，科学家的守住旧的物质定义不愿放弃，不肯接受新的学说，亦正有如我们不愿放弃陈旧的信仰。科学家往往与新的学说争执，然而他们毕竟是开通的，故终于听命他们的良心拒绝或接受新的学说了。新的真理总是使人不安的,正如突如其来的亮光总使我们眼睛觉得不舒服一样。然而我们精神的眼睛或是物质的眼睛经过调节以后,就觉得新的境遇毕竟也并不怎样恶劣。

然则剩下来还有什么呢?还有很多,旧的宗教的外形是变迁至模糊了,然宗教本身还在,即将来亦还是永远存在的。此处所谓宗教,是指基于情感的信仰,基本的对于生命之虔诚心,人对于正义纯洁的确信之总和。也许有人以为分析虹霓,我们对于主宰的信心就要消失,而我们的世界将要沦为无信仰的世界。然而不,霓虹之美,固犹昔也。虹霓或溪边微风并未因此而失去其美丽与神秘之一丝一毫。

我们还有一个信仰较为简单的世界。我爱此种信仰,因为它比较简单,颇为自然。我所说的得救的"工具"已没有了;其实对于我"得救"的目的也已没有了。那严父一样的上帝,对于我们的琐事也要查问的上帝,也没有了。在理论上互有关联的人本善说、堕落、定罪、叫人代理受罚、善性的回复,这些也被击破了。地狱没有了,天堂跟着也消逝了。在这样的人生哲学中,天堂这东西是没有地位的。这样也许要使心目中向有天堂的人不知所措了。其实是不必的。我们还是拥有一个奇妙的天地,表面上是物质的,然其动作则几乎是有灵智的,似有神力推动者然。

人的灵性亦并未受到影响。道德的境界乃非物理定律的势力所能及的。对霓虹的了解是物理学,然见霓虹而欣喜则属于道德的范围了。了解是不会、不应、并且也是不能毁灭心头的欣喜的。这便是信仰简单的世界,既不需用神学,亦不乞助于无据的赏罚,只要人的心尚能见美而喜,尚能为公道正义慈爱所感动,这样也就够了,规规矩矩地做人,做事以最高贵最纯洁的本性为准绳,原是应该的。其实这样也就是合乎教义了。我们既有秉自祖先的兽性——就是所谓人类进化过程中的罪恶——则以常识论,我们有一个较高贵的我与一个较低级的我。

我们有高尚的本能,同时有卑劣的本能。吾人虽不信我们的罪恶是由撒旦作祟,然此非谓我们行事须依顺兽性也。

孟子说得好:"恻隐之心,人皆有之;羞恶之心,人皆有之;敬畏之心,人皆有之;是非人心,人皆有之。"孟子又说:"养其大者为大人,养其小者为小人。"

以论理言,唯物主义非必随旧的宗教观念之消灭与俱来,然在事实上唯物主义却接踵而至。因人本非逻辑的动物,人事本有奇特可笑处,在大体上,近代社会日趋唯物,而离宗教日远。宗教向为一组经神批准的一贯的信仰,它是不期然而然的情感冲动,并非理智的产物。冷酷的合理的信仰是不能替代宗教的。复次,宗教一事,由来已久,根深蒂固,有传统的力量,这部传统的规范倘或失去,并非佳事;然事实上竟已失去。这个时代又非为产生新教教主的时代。我们太爱批评故也。而个人私信对于合理的行为的信念,其力量以之与伟大的宗教相较,真有大巫小巫之差。这种私人的信念,以语上也者之君子则有余,对于下也者之小人则不足应付也。

我们已处于对于行为的规范均予以宗教的意味,循智慧的办法也。但在现代社会中我们既不能产生一个摩西或一个孔子,我们唯有走广义的神秘主义的一途,例如老子所倡导的那种。以广义言之,神秘主义乃为尊重天地之间自然的秩序,一切听其自然,而个人融化于这大自然的秩序中是也。

道教中的"道"即是此意。它含义之广是以包括近代与将来最前进的宇宙论。它既神秘且切合实际。道家对于唯物论采宽纵的态度。以道家的说法看来,唯物主义并不邪恶,只是有点呆气而已。而对于仇恨与妒忌则以狂笑冲散之。对于恣意豪华之辈道教教之双简朴;对于度都市生活者则导之以大自然的优美;对于竞争与奋斗则倡虚无之说刚克柔之理以救济之;对于长生不老之妄想,则以物质不灭宇宙长存之理以开导之。对于过甚者则教之以无为宁静。对于创造事业则以生活的艺术调和之。对于刚则以柔克之。对于近代的武力崇拜,如近代的法西斯国家,道教则谓汝并非世间唯一聪明的家伙,汝往前直冲必一无所得,而愚者千虑必有一得,物极则必反,违拗此原则者终必得恶果。至于道教努力和平乃自培养和气着手。

在其他方面宗教的改革,我想结果是不会十分圆满的。我对宗教下的定义,方才已说了,是对于生命的崇敬心。凡是信仰总是随时变迁的。信仰便是宗教的内容,故宗教的内容必随时而异。

宗教的信条亦是无时不变的。"遵守神圣的安息日"此教条往昔视为重大非凡,不得或违,在今人看来则殊觉无关紧要。时处今日,来一条"遵守神圣的国际条约"的信条,这倒于世有益不浅。"别垂涎邻居的东西"这条教条,本含义至广,然另立一条"别垂涎邻国的领土"而以宗教的热诚信奉之,则较妥善多多,并更为有力量矣。"勿得杀人"的下面再加"并不得杀邻国的人"这几个字,则更为进步了。这些信条,本该遵守,然事实上则并不。于现代世界中创造一个包含这些信条的宗教殊非易事。我们是生存在国际的社会中,然而没有一个国际的宗教。

我们乃是活在一个冷酷的时代中。今人对于自己及人类,比一百五十年前法国的百科字典家还悲观无信念。与昔相较,我们愈不信奉自由平等博爱了。我们真愧对狄德罗及达·郎贝耳诸人。国际道德从没如今这样坏过。"把这世界交给一九三〇——一九三九年的人们真是倒霉!"将来的历史学家必是这么写的。只以人杀人一端而论,我们真是处于野蛮时代。野蛮行为加以机械化就不是野蛮行为了吗?处于这个冷酷的时代唯有道家超然的愤世嫉俗主义是不冷酷的。然而这个世界终有一天自然而然地会变好的。目光放远点,你就不伤心了。

第二篇
人生若只如初见

女人

　　我最喜欢同女人讲话,她们真有意思,常使我想起拜伦的名句:
"男人是奇怪的东西,而更奇怪的是女人。"

"What a strange thing is man, and what is stranger is woman！"

　　请不要误会我是女性憎恶者,如尼采与叔本华。我也不同意莎士比亚绅士式的对于女人的至高的概念说:"脆弱,你的名字就是女人。"

　　我喜欢女人,就如她们平常的模样,用不着神魂颠倒,也用不着满腹辛酸。她们能看一切的矛盾、浅薄、浮华,我很信赖她们的直觉和生存的本能——她们的重情感轻理智的表面之下,她们能攫住现实,而且比男人更接近人生,我很尊重这个,她们懂得人生,而男人却只知理论。她们了解男人,而男人却永不了解女人。男人一生抽烟、田猎、发明、编曲,女子却能养育儿女,这不是一种可以轻蔑的事。

　　我不相信假定世上单有父亲,也可以看管他的儿女,假定世上没有母亲,一切的婴孩必于三岁以下一起发疹死尽,即使不死,也必未满十岁而成为扒手。小学生上学也必迟到,大人们办公也未必会照时侯。手帕必积几月而不洗,洋伞必时时遗失,公共汽车也不能按时开行。没有婚丧喜庆,尤其一定没有理发店。是的,人生之大事,生老病死,处处都是靠女人去应付安排,而不是男人。种族之延绵,风俗之造成,民族之团结,都是端赖女人。没有女子的社会,必定没有礼俗、宗教,以及诸如此类的东西。世上没有天性守礼的男子,也没有天性不守礼的女子。假定没有女人,男人不会居住在漂亮得千篇一律的公寓、弄堂,而必住于三角门窗而有独出心裁的设计之房屋。会在卧室吃饭,在饭厅安眠的,而且最好的外交官也不会知道区别白领带与黑领带之重要。

以上一大篇话,无非用以证明女子之直觉远胜于男人之理论。这一点既明,我们可以进而讨论女子谈话之所以有意思。其实女子之理论谈话,就是她们之一部。在所谓闲谈里,找不到淡然无味的抽象名词,而是真实的人物,都是会爬会蠕动会婆嫁的东西。比方女子在社会中介绍某大学的有机化学教授,必不介绍他为有机化学教授,而为利哈生上校的舅爷。而且上校死时,她正在纽约病院割盲肠炎,从这一点出发,她可向日本外交家的所谓应注意的"现实"方面发挥——或者哈利生上校曾经跟她一起在根辛顿花园散步,或是由盲肠炎而使她记起"亲爱的老勃郎医生,跟他的长胡子"。

无论谈到什么题目,女子是攫住现实的。她知道何者为充满人生意味的事实,何者为无用的空谈。所以任何一个真的女子会喜欢《碧眼儿日记》(Gentlemen Prefer Blondes)中的女子,当她游巴黎,走到 Place Vendome 的历史上有名的古碑时,必要背着那块古碑,而仰观历史有名的名字,如 Coty 与 Castier(香水店的老招牌),凭她的直觉,以 Vendome 与 Coty 相比,自会明白 Coty 是充满人生意义的,而有机化学则不是。人生是由有机化学与无机化学而造成的。自然,世上也有 Madame Curie、Emma Goldmans 与 Beatrice Webbs 之一类学者,但是我是讲普通的一般女人。让我来举个例:

"×是大诗人",我有一回在火车上与一个女客对谈。"他很能欣赏音乐,他的文字极其优美自然。"我说。

"你是不是说 W?他的太太是抽鸦片烟的。"

"是的,他自己也不时抽。但是我是在讲他的文字。"

"她带他抽上的。我想她害了他一生。"

"假使你的厨子有了外遇,你便觉得他的点心失了味道吗?"

"嗬,那个不同。"

"不是正一样吗？"

"我觉得不同。"

感觉是女人的最高法院，当女人将是非诉于她的"感觉"之前时，明理人就当见机而退。

一位美国女人曾出了一个"美妙的主意"，认为男人把世界统治得一塌糊涂，所以此后应把统治世界之权交与女人。

现在，以一个男人的资格来讲，我是完全赞成这个意见的。我懒于再去统治世界，如果还有人盲目地乐于去做这件事情，我是甚愿退让，我要去休假。我是完全失败了，我不要再去统治世界了。我想所有脑筋清楚的男人，一定都有同感。如果塔斯马尼亚岛（在澳洲之南）的土人喜欢来统治世界，我是甘愿把这件事情让给他们，不过我想他们是不喜欢的。

我觉得头戴王冠的人，都是寝不安席的。我认为男人们都有这种感觉。据说我们男人是自己命运的主宰，也是世界命运的主宰，还有我们男人是自己灵魂的执掌者，也是世界灵魂的执掌者，比如，政治家、政客、市长、审判官、戏院经理、糖果店主人，以及其他的职位，全为男人所据有。实则我们没有一个人喜欢去做这种事。情形比这还要简单，如哥伦比亚大学心理教授言，男女之间真正的分工合作，是男人只去赚钱，女人只去用钱。我真愿意看见女人勤劳工作于船厂，公事房中，会议席上，同时我们男人却穿着下午的轻俏绿衣，出去作纸牌之戏，等着我们的亲爱的工毕回家，带我们去看电影。这就是我所谓美妙的主意。

但是除去这种自私的理由外，我们实在应当自以为耻。要是女人统治世界，结果也不会比男人弄得更糟。所以如果女人说"也应当让我们女人去试一试"的时候，我们为什么不出之以诚，承认自己的失败，让她们来统治世界呢？女人一向是在养育子女，我们男人却去掀动战事,使最优秀的青年们去送死。这真是骇人听闻的事。但是这是无法挽救的。我们男人生来就是如此。我们总要打仗,而女人则只是互相撕扯一番,最厉害的也不过是皮破血流而已。如果不流血中毒,这算不了什么伤害。女人只用转动的针即满足,而我们则要用机关枪。有人说只要男人喜欢去听鼓乐队奏乐,我们就不能停止作战。我们是不能抵拒鼓乐队的,假如我们能在家静坐少出,感到下午茶会的乐趣,你想我们还去打仗吗?如果女人统治世界,我们可以向她们说:"你们在统治着世界,如果你们要打仗,请你们自己出去打吧。"那时世界上就不会有机关枪,天下最后也变得太平了。

论性的吸引力

女人的权利和社会特权虽然已经增加了,可是我始终认为甚至在现代的美国,女人还没有享受到公平的待遇。我希望我的印象是错误的,我希望在女人的权利增加了的时候,尊重闺秀之侠义并没有减少。因为一方面有尊重闺秀之侠义,或对女人有真正的尊敬;另一方面任女人去用钱,随意到什么地方去,担任行政的工作,并且享有选举权——这两样东西不一定是相辅而行的。据我(一个抱着旧世界的观念的旧世界公民)看来,有些东西是重要的,有些东西是不重要的:美国女人在一切不重要的东西那方面,是比旧世界的女人更前进的,可是在一切重要的东西这方面,所占的地位是差不多一样的。无论如何,我们看不见什么现象可以证明美国人尊重闺秀之侠义比欧洲人更大。美国女人所拥有的真权利还是在她的传统的旧皇座——家庭的炉边——上产生出来的,她在这个皇座上是一位以服役为任务的快乐天使。我曾经看见过这种天使,可是只在私人家庭的神圣处所看见,在那里,一个女人在厨房中或客厅中走动着,成为一个奉献于家庭之爱的家庭中的真主妇。不知怎样,她是充满着光辉的,这种光辉在办公室里是找不到的,是不相称的。

这只是因为女人穿起薄纱的衣服比穿起办公外套妩媚可爱吗?抑只是我的幻想?女人在家如鱼得水,问题的要点便在这个事实上。如果我们让女人穿起办公外套来,男人便会当她们做同事,有批评她们的权利;可是如果我们让她们在每天七小时的办公时间中,有一小时可以穿起乔治绉纱或薄纱的衣服,飘飘然走动着,那么,男人一定会打消和她们竞争的念头,只坐在椅子上目瞪口呆地看着她们。女人做起刻板的公务时,是很容易循规蹈矩的,是比男人更优良的日常工作人员,可是一旦办公室的空气改变了,例如当办公室人员在婚礼的茶会席上见面时,你便会看见女人马上独立起来,她们或劝男同事或老板去剪一次头发,或告诉他们到什么地方去买一种去掉头垢的最佳药水。女人在办公室里说话很有礼貌,在办公室外说话却很有权威呢。

由男人的观点上坦白地说来——装模作样用另一种态度说来是毫无用处的——我想在公共场所中,女人的出现是很能增加生活的吸引力和乐趣的,无论是在办公室里或在街上,男人的生活是比较有生气的;在办公室里,声音是更柔和的,色泽是更华丽的,书台是整洁的。同时,我想天赋的两性吸引力或两性吸引力的欲望一点也不曾改变过,而且在美国,男人是更幸福的,因为以注意性的诱惑力方面而言,美国女人是比(举例来说)中国女人更努力取悦男人的。我的结论是:西洋的人太注意性的问题,而太不注意女人。

西洋女人在修饰头发方面,所花的工夫是和过去的中国女人差不多一样多的;她们对于打扮是比较公开的,是随时随地这样做的;她们对于食物的规定,运动,按摩,和读广告,是比较用心的,因为她们要保持身体的轮廓;她们躺在床上做腿部的运动是比较虔诚的,因为她们要使腰部变细;她们到年纪很大的时候还在打扮脸孔,还在染发,在年纪那么大的中国女人是不会这样做的。她们用在洗涤药水和香水上的金钱是越来越多的;美容的用品,日间用的美容霜,夜间用的美容霜,洗面用的霜,涂粉前擦在皮肤上的霜,用在脸上的霜,用在手上的霜,用在皮肤毛孔上的霜,柠檬霜,皮肤晒黑时所用的油,消灭皱纹的油,龟类制成的油,以及各式各样的香油的生意,是越做越大的。也许这只是因为美国女人的时间和金钱较多。也许她们穿起衣服来取悦男人,脱起衣服来取悦自己,或者脱起衣服来取悦男人,穿起衣服来取悦自己,或者同时在取悦男人和自己。也许其原因仅是由于中国女人的现代美容用品较少,因为讲到女人吸引男人的欲望时,我很不愿意在各种族间加以区别。中国女人在五十年前缠足以图取悦男人,现在却欢欢喜喜脱下"弓鞋",穿起高跟鞋来。我平常不是先知者,可是我敢用先知般的坚信说:在不久的将来,中国女人每天早晨一定会费十分钟的工夫,将两腿做一高一低的运动,以取悦她们的丈夫或她们自己。然而有一个事实是很明显的:美国女人现在似乎想在肉体的性诱惑和服装的性诱惑等方面多用点工夫,企图用这方法更努力地去取悦男人。结果在公园里或街上的女人,大抵都有更优美的体态和服装,这应该归功于女人天天保持身体轮廓的不断努力——使男人大为快活。可是我想这一定很耗费她们的脑筋的。当我讲到性的诱惑时,我的意思是把它和母性的诱惑,或整个女人的诱惑作一个对比。我想这一方面的现代文明,已经在现代的恋爱和婚姻上表现其特性了。

艺术使现代人有着性的意识。这一点我是不怀疑的。第一步是艺术,第二步是商业对于女人身体的利用,由身体上的每一条曲线一直利用到肌肉的波动上去,最后一步是涂脚指甲。我不曾看见过女人的身体的每一部分那么完全受商业上的利用,我不很明白美国女人对于利用她们的身体这件事情，为什么服从得那么温顺。在东方人看来，要把这种商业上利用女性身体的行为，和尊敬女人的观念融合起来，是很困难的。艺术家称之为美，剧院观众称之为艺术，只有剧本演出的监督和剧院经理老老实实称之为性的吸引力，而一般男人是很快活的。女人受商业上的利用而脱起衣服来，可是男人除了几个卖艺者之外，是几乎都不脱衣服的：这是一个男人所创造和男人所统治的社会的特点。在舞台上我们看见女人差不多一丝不挂，而男人却依旧穿晨礼服，系黑领带；在一个女人所统治的世界里，我们一定会看见男人半裸着，而女人却穿着裙。艺术家把男女的身体构造做同等的研究，可是要把他们所研究的男人身体之美应用到商业上去，却有点困难。剧院要一些人脱光衣服去嘲弄观众，可是普遍总是要女人脱光衣服去嘲弄男人，而不要男人脱光衣服去嘲弄女人。甚至在比较上等的表演中，当人们要同时注重艺术和道德的时候，他们总是让女人去注重艺术，男人去注重道德，而不曾要女人去注重道德，男人去注重艺术的（在剧院游艺表演中，男演员只是表演一些滑稽的样子，甚至在跳舞方面也是如此，这样说便是"艺术化"的表演了）。商业广告采取这个主题，用无数不同的方法把它表现出来，因此今日的人要"艺术化"的时候，只须拿起一本杂志，把广告看一下。结果女人自己深深感到她们须实行艺术化的天职，于是不知不觉地接受了这种观念，故意饿着肚子，或受着按摩及其他严格的锻炼，以期使这个世界更加美丽。思想较不清楚的女人几乎以为她们要得到男人，占有男人，唯一的方法是利用性的吸引力。

我觉得这种过分注重性吸引力的观念之中，有着一种对于女人整个天性的不成熟和不适当的见解，结果影响到恋爱和婚姻的性质，弄得恋爱和婚姻的观念也变成谬误的，或不适当的观念。这么一来，人们比较把女人视为配偶，而不大注意她们做主妇的地位。女人是同时做妻子和母亲的,可是以今日一般人对于性的注重的情形看来,配偶的观点是取母亲的观念而代之了;我坚决地主张说,女人只有在做母亲的时候,才能达到她的最高的境地,如果一个妻子故意不立刻成为母亲的话,她便是失掉了她大部分的尊严和端庄,而有变为玩弄物的危险。在我看来,一个没有孩子的妻子就是情妇,而一个有孩子的情妇就是妻子,不管她们的法律地位如何。孩子把情妇的地位提高起来,使她变得神圣了,而没有孩子却是妻子的耻辱。许多现代女人不愿生孩子,因为怀孕会破坏他们的体态:这是很明显的事实。

好色的本能对于丰富的生命确有相当的贡献,可是这种本能也会用得过度,因而妨害女人自己。为保存性的吸引力起见,努力和奋发是需要的,这种努力和奋发当然只消耗了女人的精神,而不消耗男人的精神。这也是不公平的,因为世人既然看重美丽和青春,那么中年的女人只好跟白发和年岁作绝望的斗争了。有一位中国青年诗人已经警告我们说,青春的源泉是一种愚弄人的东西,世间还没有人能够以"绳系日",使它停住不前。这么一来,中年的女人企图保存性的吸引力,无异是和年岁作艰苦的赛跑,这是十分无意义的事情。只有幽默感才能够解决这个问题。如果和老年与白发作绝望的斗争是徒然的事情,那么,为什么不说白发是美丽的呢?朱杜唱道:

白发新添数百茎,

几番拔尽白还生;

不如不拔由他白,

那得工夫会白争?

这一切情形是不自然的,不公平的。这对母亲和较老的女人是不公平的,因为正如一个超等体重的拳斗大王必须在几年内把他的名位传给一个较年轻的挑战者一样,正如一匹得锦标的老马必须在几年内把荣誉让给一匹较年轻的马一样,年老的女人和年轻的女人们争起来,必然失败,这是不要紧的,因为她们终究都是和同性的人们争。中年的女人与年轻的女人在性的吸引力方面竞争,那是愚蠢的,危险的,绝望的事情。由另一方面看起来,这也是愚蠢的,因为一个女人除了性之外还有别的东西,恋爱和求婚虽然在大体上须以肉体的吸引为基础,可是较成熟的男人或女人应该已经度过这个时期了。

我们知道人类是动物中最好色的动物。然而,除了这个好色的本能之外,他也有一种同样强烈的父母的本能,其结果便是人类家庭生活的实现。我们和多数的动物同有好色和父性的本能,可是我们似乎是在长臂猿中,才初次发现人类家庭生活的雏形。然而,在一个过分熟悉的人类文化中,在艺术,电影和戏剧中不断的性欲刺激之下,好色的本能颇有征服家庭的本能的危险。在这么一种文化中,人们会轻易忘掉家庭理想的需要,尤其是在个人主义的思潮同时也存在着的时候。所以,在这么一种社会中,我们有一种奇怪的婚姻见解,以为婚姻只是不断的亲吻,普通以婚礼的钟声为结局,又有一种关于女人的奇怪见解,以为女人主要的任务是做男人的配偶,而不是做母亲。于是,理想的女人变成一个有完美的体态和肉体美的青年女人,然而在我的心目中,女人站在摇篮旁边时是最美丽不过的,女人抱着婴孩时,拉着一个四五岁的孩子时,是最端庄最严肃不过的,女人躺在床上,头靠着枕头,和一个吃乳的婴儿玩着时(像我在一幅西洋绘画上所看见的那样)是最幸福不过的。也许我有一种母性的错综(a motherhood complex),可是那没有关系,因为心理上的错综对于中国人是无害的。如果你说一个中国人有一种母与子的错综或父与女的错综,这句话在我看来总觉得是可笑的,不可信的。我可以说,我关于女人的见解不是发源于一种母性的错综,而是由于中国家族理想的影响。

理想中的女性

　　女人的深藏,在吾人的美的理想上,在典型女性的理想上,女子教育的理想上,以至恋爱求婚的形式上都有一种确定不移的势力。

　　对于女性,中国人与欧美人的概念彼此大异。虽双方的概念都以女性为包含有娇媚神秘的意识,但其观点在根本上是不同的,这在艺术园地上所表现者尤为明显。西洋的艺术,把女性的肉体视作灵感的源泉和纯粹调和形象的至善至美。中国艺术则以为女性肉体之美系模拟自然界的调和形象而来。对于一个中国人,像纽约码头上所高耸着的女性人像那样,使许许多多第一步踏进美国的客人,第一个触进眼帘的便是裸体的女人,应该感觉得骇人听闻。女人家的肉体可以裸露于大众,实属无礼之至。尚使他得悉女人在那儿并不代表女性,而是代表自由的观念,尤将使他震骇莫名。为什么自由要用女人来代表?又为什么胜利、公正、和平也要用女人来代表?这种希腊的理想对于他是新奇的,因为在西洋人的拟想中,把女人视为圣洁的象征,奉以精神的微妙的品性,代表一切清净、高贵、美丽和超凡的品质。

　　对于中国人,女人爽脆就是女人,她们是不知道怎样享乐的人类。一个中国男孩子自幼就受父母的告诫,倘使他在挂着的女人裤裆下走过,便有不能长大的危险。是以崇拜女性有似尊奉于宝座之上,和暴露女人的肉体这种事实为根本上不可能的。由于女子深藏的观念,女性肉体之暴露,在艺术上亦视为无礼之至。因而德勒斯登陈列馆(Dresden Gallery)的几幅西洋书杰作,势将被目为猥亵作品。那些时髦的中国现代艺术家,他们受过西洋的洗礼,虽还不敢这样说。但欧洲的艺术家却坦白地承认一切艺术莫不根源于风流的敏感性。

其实中国人的性的欲望也是存在的,不过被掩盖于另一表现方法之下而已。妇女服装的意象,并非用以表现人体之轮廓,却用以模拟自然界之律动。一位西洋艺术家由于习惯了敏感的拟想,或许在升腾的海浪中可以看出女性的裸体像来;但中国艺术家却在慈悲菩萨的披肩上看出海浪来。一个女性体格的全部动律美乃取则于垂柳的柔美线条,好像她的低垂的双肩。她的眸子比拟于杏实,眉毛比拟于新月,眼波比拟于秋水,皓齿比拟于石榴子,腰则拟于细柳,指比拟于春笋,而她的缠了的小脚,又比之于弯弓。这种诗的辞采在欧洲未始没有,不过中国艺术的全部精神,尤其是中国妇女装饰的范型,却郑重其事地符合这类辞采的内容。因为女人肉体之原型,中国艺术家倒不感到多大兴趣。吾人在艺术作品中固可见之。中国画家在人体写生的技巧上,可谓惨淡地失败了。即使以仕女画享盛名的仇十洲(明代),他所描绘的半身裸体仕女画,很有些像一颗一颗番薯。不谙西洋艺术的中国人,很少有能领会女人的颈项和背部的美的。《杂事秘辛》一书,相传为汉代作品,实出于明人手笔,描写一种很准确而完全的女性人体美,历历如绘,表示其对于人体美的真实爱好,但这差不多是唯一的例外。这样的情形,不能不说是女性遮隐的结果。

在实际上,外表的变迁没有多大关系。妇女的服装可以变迁,其实只要穿在妇女身上,男人家便会有美感而爱悦的可能,而女人呢,只要男人家觉得这个式样美,她便会穿着在身上。从维多利亚时代钢箍扩开之裙变迁而为二十世纪初期纤长的孩童样的装束,再变而至1935年的梅蕙丝(Mae West)模仿热,其间变化相差之程度,实远较中西服式之歧异尤为惹人注目。只消穿到女人身上,在男人的目光中,永远是仙子般的锦绣。倘有人办一个妇女服饰的国际展览会,应该把这一点弄得清清楚楚。不过二十年前中国妇女满街走着都是短袄长脚裤,现在都穿了顾长的旗袍把脚踝骨都掩没了;而欧美女子虽还穿着长裙,我想宽薄长脚裤随时有流行的可能。这种种变迁的唯一的效果,不过使男子产生一颗满足的心而已。

尤为重要者,为妇女遮隐与典型女性之理想的关系。这种理想便是"贤妻良母"。不过这一句成语在现今中国受尽了讥笑。尤其那些摩登女性,她们迫切地要望平等、独立、自由。她们把妻子和母性看做男人们的附庸,是以贤妻良母一语代表地道的混乱思想。

让我们把两性关系予以适宜之判断。一个女人当她做了母亲,好像从未把自己的地位看做视男人的好恶为转移的依赖者。只有当她失去了母亲的身份时才觉得自己是十足的依赖人物。即在西洋,也有一个时期母性和养育子女不为社会所轻视,亦不为女人们自己所轻视,一个母亲好像很适配女人在家庭中的地位,那是一个崇高而荣誉的地位。生育小孩,鞠之育之,训之诲之,以其自己的智慧诱导之以达成人,这种任务,在开明的社会里,无论如何都决非为轻松的工作。为什么她要被视为社会的经济的依赖男人,这种意识真是难于揣测的,因为她能够担负这一桩高贵的任务,而其成绩优于男子。妇女中亦有才干杰出,不让须眉者,不过这样才干妇女其较量确乎是比较的少,少于德谟克拉西所能使吾人信服者。对于这些妇女,自我表现精神的重要,等于单单生育些孩子。至于寻常女人,其数无量,则宁愿让男人挣了面包回来,养活一家人口,而让自家专管生育孩子。若云自我表现精神,著者盖尝数见许多自私而卑劣的可怜虫,却能发扬转化而为仁慈博爱,富于牺牲精神的母性,她们在儿女的目光中是德行完善的模范。著者又曾见过美丽的姑娘,她们不结婚,而过了三十岁,额角上早早浮起了皱纹,她们永不达到女性美丽的第二阶段,即其姿容之荣繁辉发,有如盛秋森林,格外成熟,格外通达人情,复格外辉煌灿烂,这种情况,在已嫁的幸福妇人怀孕三月之后,尤其是常见的。

女性的一切权利之中,最大的一项便是做母亲。孔子称述其理想的社会要没有"旷男怨女",这个理想在中国经由另一种罗曼斯和婚姻的概念而达到了目的。由中国人看来,西洋社会之最大的罪恶为充斥众多之独身女子,这些独身女子,本身无过失可言,除非她们愚昧地真欲留驻娇媚的青春。她们其实无法自我发抒其情愫耳。许多这一类的女子,倒是大人物,像女教育家、女优伶,但她们倘做了母亲,她们的人格当更为伟大。一个女子,倘若爱上了一个无价值的男子而跟他结了婚,那她或许会跌入造物的陷阱,造物的最大关心,是只要她维系种族的传种而已。可是妇女有时也可以受造物的赏赐而获得一鬈美秀发的婴孩,那时她的胜利,她的快乐,比之她写了一部最伟大的著作尤为不可思议。她所蒙受的幸福,比之她在舞台上获得隆盛的荣誉时尤为真实。邓肯女士(Isadora Duncan)足以证明这一切。假使造物是残酷的,那么造物正是公平的,他所给予普通女人的,无异乎给予杰出的女人者,他给予了一种安慰。因为享受做母亲的愉快是聪明才智女人和普通女人一样的情绪。造物铸成了这样的命运而让男男女女这样的活下去。

恋爱和求婚

有一个问题可以发生:中国女子既属遮掩深藏,则恋爱的罗曼斯如何还会有实现的可能?或者可以这样问:年轻人的天生的爱情,怎么样儿的受经典的传统观念的影响?在年轻人看来,罗曼斯和恋爱差不多是寰宇类同的,不过由于社会传统的结果,彼此心理的反应便不同。无论妇女怎样遮掩,经典教训却从来未逐出爱神。恋爱的性质容貌或许可以变更,因为恋爱是情感的流露,本质上控制着感觉,它可以成为内心的微鸣。文明有时可以变换恋爱的形式,但也绝不能抑制它。"爱"永久存在着,不过偶尔所蒙受的形象,由于社会与教育背景之不同而变更。"爱"可以从珠帘而透入,它充满于后花园的空气中,它拽撞着小姑娘的心坎。或许因为还缺少一个爱人的慰藉,她不知道什么东西在她心头总是烦恼着她。或许她倒并未看中任何一个男子,但是她总觉得恋爱着男子,因为她是爱着男子,故而爱着生命。这使她更精细地从事刺绣而幻化的觉得好像她正跟这一幅彩虹色的刺绣恋爱着,这是一个象征的生命,这生命在她看来是那么美丽。大概她正绣着一对鸳鸯,绣在送给一个爱人的枕套上,这种鸳鸯总是同栖同宿,同游同泊,其一为雌,其一为雄。倘若她沉浸于幻想太厉害,她便易于绣错了针脚,重新绣来,还是非错误不可。她很费力地拉着丝线,紧紧地,涩涩地,真是太滞手,有时丝线又滑脱了针眼。她咬紧了她的樱唇而觉得烦恼,她沉浸于爱的波涛中。

这种烦恼的感觉,其对象是很模糊的,真不知所烦恼的是什么;或许所烦恼的是在于春,或在于花,这种突然的重压的身世孤寂之感,是一个小姑娘的爱苗成熟的天然信号。由于社会与社会习俗的压迫,小姑娘们不得不竭力掩盖住她们的这种模糊而有力的愿望,而她们的潜意识的年轻的幻梦总是永续地行进着。可是婚前的恋爱在古时中国是一个禁果,公开求爱更是事无前例,而姑娘们又知道恋爱便是痛苦。因此她们不敢让自己的思索太放纵于"春"、"花"、"蝶"这一类诗中的爱的象征,而假如她受了教育,也不能让她多费工夫于诗,否则她的情愫恐怕会太受震动。她常忙碌于家常琐碎以卫护她的感情之圣洁,譬如稚嫩的花朵之保护自身,避免狂蜂浪蝶之在未成熟时候的侵袭。她愿意静静地守候以待时机之来临,那时恋爱变成合法,而用结婚的仪式来完成正当的手续。谁能逃避纠结的情欲的便是幸福的人。但是不管一切人类的约束,天性有时还是占了优势。因为像世上的一切禁果,两性吸引力的锐敏性,机会以尤少而尤高。这是造物的调剂妙用。照中国人的学理,闺女一旦分了心,什么事情都将不复关心。这差不多是中国人把妇女遮掩起来的普遍心理背景。

小姑娘虽则深深遮隐于闺房之内,她通常对于本地景况相差不远的可婚青年,所知也颇为熟悉,因而私心常能窃下主意,孰为可许,孰不惬意。倘因偶然的机会她遇到了私心默许的少年,纵然仅仅是一度眉来眼去,她已大半陷于迷惑,而她的那一颗素来引以为自傲的心儿,从此不复安宁。于是一个秘密求爱的时期开始了。不管这种求爱一旦泄露即为羞辱,且常因而自杀;不管她明知这样的行为会侮蔑道德规律,并将受到社会上猛烈的非难,她还是大胆地去私会她的爱人。而且恋爱总能找出进行的路径的。

在这两性的疯狂样的互相吸引过程中,那真很难说究属男的挑动女的,抑或是女的挑动男的。小姑娘有许多机敏而巧妙的方法可以使人知道她的临场。其中最无罪的方法为在屏风下面露出她的红绫鞋儿。另一方法为夕阳斜照时站立游廊之下。另一方法为偶尔露其粉颊于桃花丛中。另一方法为灯节晚上观灯。另一方法为弹琴(古时的七弦琴),让隔壁少年听她的琴声。另一方法为请求她的弟弟的教师润改诗句,而利用天真的弟弟权充青鸟使者,暗通消息;这位教师倘属多情少年,便欣然和附一首小诗。另有多种交通方法为利用红娘(狡黠使女);利用同情之姑嫂;利用厨子的妻子;也可以利用尼姑。倘两方面都动了情,总可以想法来一次幽会。这样的秘密聚会是极端不健全的;年轻的姑娘绝不知道怎样保护自身于一刹那;而爱神,本来怀恨放浪的卖弄风情的行为,乃挟其仇雠之心以俱来。爱河多涛,恨海难填,此固为多数中国爱情小说所欲描写者。她或许竟怀了孕!其后随之以一,热情的求爱与私通时期,软绵绵的,辣泼泼的,情不自禁,却就因为那是偷偷摸摸的勾当,尤其觉得可爱可贵,惜乎,通常此等幸福,终属不耐久啊!

在这种场合,什么事情都可以发生。少年或小姑娘或许会拂乎本人的意志而与第三者缔婚,这个姑娘既已丧失了贞操,那该是何等悔恨。或则那少年应试及第,被显宦大族看中了,强制地把女儿配给他,于是他娶了另一位夫人。或则少年的家族或女子的家族阖第迁徙到遥远的地方,彼此终身不得复谋一面。或则那少年一时寓居海外,并无意背约,可是中间发生了战事,因而形成无期的延宕。至于小姑娘困守深闺,则只有烦闷与孤零的悲郁。倘若这个姑娘真是多情种子,她是患一场重重的相思病(相思病在中国爱情小说中真是异样的普遍),她的眼神与光彩的消失,真是急坏了爹娘,爹娘鉴于眼前的危急情形,少不得追根究底问个清楚,终至依了她的愿望而成全了这桩婚事,俾挽救女儿的生命,以后两口儿过着幸福的一生。

"爱"在中国人的思想中因而与涕泪、惨愁,与孤寂相糅合,而女性遮掩的结果,在中国一切诗中,掺进了凄惋悲忧的调子。唐以后,许许多多情歌都是含着孤零消极无限的悲伤,诗的题旨常为闺怨,为弃妇,这两个题目好像是诗人们特别爱写的题目。

符合于通常对人生的消极态度,中国的恋爱诗歌吟咏别恨离愁,无限凄凉,夕阳雨夜,空闺幽怨,秋扇见捐,暮春花萎,烛泪风悲,残枝落叶,玉容憔悴,揽镜自伤。这种风格,可以像林黛玉临死前,当她得悉了宝玉与宝钗订婚的消息所吟的一首小诗为典型,字里行间,充满着不可磨灭的悲哀:

> 侬今葬花人笑痴,
>
> 他年葬侬知是谁?

但有时这种姑娘运气好,也可以成为贤妻良母。中国的戏曲,故通常都殿以这样的煞尾:"愿天下有情人都成眷属。"

人生最重要的一步

　　结婚是人类最古老,也最原始的举动,即使在最偏僻的未开化地方,那里的男女,仍然必须透过结婚的仪式,始能营其共同生活,可是,今天却有一部分人,本来可以结婚,但并不走上婚姻之路;有很多女人宁可从事职业也不愿结婚;也有很多男女曾经结婚,结果竟离婚而分居,还有很多在离婚后重又结婚。

　　为什么有些人不愿意结婚?又为什么有些人结婚以后又离婚呢?这实在是值得我们正视的。对于这个问题,婚姻专家们曾就若干个案,分析整理出以下的结论。

　　专家们发现,很多男人之所以不愿意结婚,是因为他们以为结婚是个人自由的丧失,他们不愿他们的独立、自由,因为结婚而受到束缚;同样的,有许多女人单独过惯了职业生活,也不愿意牺牲她们的独立自由去结婚,直到希望结婚的时候,岁月已在她们脸上留下残酷的痕迹,当年的理想对象早已为人夫为人父了。终至眼高手低,只有一直蹉跎复蹉跎了。

　　还有很多的男女,是因为对于配偶的理想太高,而事实又不能寻到这种对象。所以不愿意结婚。另有些男女,则是因为不能获得机会而不结婚。

　　此外,又有很多男女不结婚,是因为他们在初恋就碰壁,或从情爱方面失望,得到不愉快的结果。这种结果往往产生心理上的反响。一对男女在初次交友受到挫折以后,可能使他/她对于其他男女的印象或关系,也不能处理得很好。

有时,青年男女不愿意结婚,是因为他们家庭方面的责任,也许他的父亲早逝,母亲是一个寡妇,而又有一群弟妹,使他觉得没有力量获取一个配偶。

但不论理由怎样,其最大的原因,还是他们缺少健全的态度,使他们不能迎合结婚的理想。他们对于婚姻应负的责任,怀有恐惧,且不愿妥协;但结婚正如合伙事业一样,是必须各自协调,牺牲自我,谋取共同利益的,而他们却不能负起与婚姻而俱来的责任。

也有许多人生来就有妒忌心,他们心理上的缺点往往使他们的未来配偶逃避。更有很多人,尤其是女人,具有一种不健全的心理,深恐揭开身体方面的秘密而畏惧结婚。

这些人虽然都有其不结婚的理由,但在通常情形下,已婚者往往要比未婚者寿长,尤其是结过婚而又独居鳏夫。其寿命更较前者短得多。

根据各国人寿统计的综合报告显示,在三十至四十五岁之间的男性,单身汉的死亡率是已婚者的两倍;女人方面,在三十六至六十五岁之间的已婚者死亡率也较未婚者少十分之一。

此外,已婚者犯罪、发疯及自杀的人,也比未婚者减少许多。婚后的男子,往往比未婚的较有责任心,成为较有恒心而可靠的人。

同时,一个结了婚的人,其在社会的地位,也比较使人有一个良好的印象。一个男子如果老不结婚,将使人有一种不自然的感觉。心理学家就曾说过,一个女子如果始终不结婚,最容易发生变态心理。

已婚的人不像单身时那样的无聊和寂寞,他们可以两人共同享受安乐,共度难关,共同产生希望和志愿。对于男人而言,结婚至少可以较为舒服,他可以在家里享受他爱吃的菜肴,他的衣物也可有人代为整理。

结婚是一种分工合作精神的表现,如果一个男人要自己烧饭、缝纫;一个女人要跟男人一样的竞争才能生存,你说,这该有多麻烦?

以上这些都是明显的应该结婚的理由,此外还有许多无形的好处,例如,男人们大多希望能够做个主脑人物,而结婚正可以满足他们这个愿望。

每个人都有一种感觉安全的希望,例如,生病时有人看护,忧虑时有人安慰,疲倦时有人服侍,结婚正可以满足人类这种希望。结婚以后,夫妇两人可以共同拟定目标,由理想、计划、奋斗,使理想成为事实,而获得无穷的乐趣。

因此,结婚可以说是人生最重要的一步,每个人都应该努力学习如何与人相处,选择适当的终身伴侣,以为共同生活,切不要以为结婚是一种"负担"而畏惧。

世界上任何事情都是相对的,有权利必有义务,怎能只享权利而不尽义务呢?当你勇敢地担负起结婚这个责任以后,你将发现人生是多么的美妙呀!

也许你要说,不是我不想结婚,而是因为没有获得结识异性的机会,对于你这个问题,婚姻专家们提出他们的答案,他们表示,任何人都有百分之百的婚姻机会,有些人之所以没有结婚,完全是他们宁愿过单身生活的关系。

下面有几个要点,是正在择偶的朋友所应该特别注意的。

1.男女的年龄,最好是男人比女人大几岁,但以不超过十岁为宜。

2.双方的教育程度要相等,男女差距太大,每为不睦的主因,尤其是女高于男,其美满的可能性更是微乎其微。

3.性情与嗜好最好相近。

4.经济能力最好相差无几,双方家境如果过于悬殊,往往会影响婚后的个人自尊心。

5.如果你是男人的话,应该有一份足供家人温饱的正当职业;如果你是女人的话,你所选择的对象,更应该注意这个问题,爱情虽可贵,仍须建立于"物质"之上,否则,其危险就如沙漠中的大厦,倾倒在旦夕。

中国人的家族理想

我想《旧约圣经·创世记》中的创造天地的故事颇有重写的必要。在中国的长篇小说《红楼梦》里,那个柔弱多情的男主角很喜欢和女人混在一起,深深崇拜他那两个美丽的表姐妹,常以自己生为男孩子为憾。他说"女人是水做的,男人是泥做的"。因为他觉得他的表姐妹是可爱的,纯洁的,聪明的,而他自己和他的男同伴是丑陋的,糊涂的,脾性暴戾。如果《创世记》故事的作者是贾宝玉一类的人,知道他所说的是什么,那么,他一定会写一个不同的故事。上帝用泥土造成一个人形,将生气吹在他的鼻孔里,就成了亚当。可是亚当开始裂开了,粉碎了,于是上帝拿一点水,把泥土再塑造起来;这渗进亚当的身体的水便是夏娃,亚当的身体里有了夏娃,其生命才是完全的。这在我看来至少是婚姻的象征意义。女人是水,男人是泥,水渗进泥里,把泥塑造了,泥吸收了水,使水有了形体的寄托,使水可以在这形体里流动着,生活着,获得了丰富的生命。

许多年前,元朝大画家赵孟頫的妻子管夫人(她自己也是画家,曾做宫廷中的师傅),早已用泥和水来比喻人类的婚姻关系了。在中年的时候,当赵孟頫热情渐冷,打算娶妾的时候,管夫人写了下面这首词赠他,使他大受感动,因而回心转意:

你侬我侬，

忒煞情多，

情多处，

热如火！

把一块泥，

捻一个你，

塑一个我。

将咱两个，

一齐打破，

用水调和，

再捻一个你，

再塑一个我。

我泥中有你，

你泥中有我；

与你生同一个衾，

死同一个椁。

　　中国人的社会和生活是在家族制度的基础上组织起来的，这是尽人皆知的事实。这个制度支配着中国人的整个生活形态，渲染着中国人的整个生活形态。这种生活的家族理想是哪里来的呢？这个问题不常有人提出，因为中国人把这个理想视为当然，而外国的研究者又觉得没有充足的经验可以讨论这个问题。关于家族制度成为一切社会生活和政治生活的根据这一点，一般人都认为其理论的基础是孔子所建立的；这种理论的基础极端重视夫妇的关系，视之为一切人类关系之本，也极端重视对父母的孝道，以及一年一度省视祖墓的风尚，祖先的崇拜,和祖祠的设立。

有些作家曾称中国人的祖先崇拜为一种宗教,在我看来,这大抵是对的。这种崇拜的非宗教之点,是在它排除了超自然的东西,或使之占着较不重要的地位。祖先的崇拜几乎不和超自然的东西发生关系,所以它可以和基督教、佛教等关于上帝的信仰并行不悖。崇拜祖先的礼仪产生了一种宗教的形式,这是很自然而且很正常的,因为一切的信仰都须有一种外表的象征和形式。我觉得向那些写着祖宗名字的十四五寸高的木主表示尊敬,并不比英国邮票上印着英皇肖像更有宗教色彩,或更无宗教色彩。第一,中国人大抵把这些祖先的灵魂视为人类,而不视为神灵;中国人是视他们为老人家,而由子孙继续供奉着他们的,他们并不向祖先祈求物品或疾病的治疗,完全没有崇拜者和受崇拜者之间普通那种讨价还价的事情。第二,举行这种崇拜的礼仪不过是子孙纪念已逝世的祖先的一个机会,这一天乃是家人团聚,对祖先创家立业的功绩表示感激的日子。拿它去代替祖先活着时的生日庆祝,是不十分适当的,可是在精神上,它和父母的生日庆祝或美国"母亲日"的庆祝,并没有什么不同的地方。

基督教传教士禁止中国信徒去参加祖先崇拜的礼仪和宴乐,其唯一的理由乃是因为崇拜者必须在祖宗的木主之前拜跪,这种行为是违犯"十戒"的第一戒的。这一点是基督教传教士缺乏理解的最明显的证据。中国人的膝头并不像西洋人的膝头那么宝贵,因为我们向皇帝拜跪,向县令拜跪,在元旦日也向我们活着的父母拜跪。因此,中国人的膝头自然比较容易使用,一个人向一块形如日历的木主拜跪,其异教徒的资格并不会增加或减少。在另一方面,中国的基督徒因为不许参加大众的宴乐,甚至不许捐款去帮助戏剧表演的费用,结果在乡村和城镇里不得不和一般的社会生活隔绝。所以,中国的基督徒简直是被逐出了自己的家族了。

这种对自己家族的孝敬和神秘责任的感觉,常常形成了一种深刻的宗教态度:这是毫无疑义的。例如,十七世纪的儒家大师颜元在年老的时候,带着感伤的心情出门去寻找他的哥哥,因为他没有子嗣,希望他的哥哥有一个儿子。这个相信行为重于知识的儒家弟子,当时住在四川。他的哥哥已经失踪多年。他对于讲解孔子教义的工作感到厌倦,有一天突然心血来潮(这在传教士说来,一定是"神灵的召唤"),觉得应该去寻找这个失踪的哥哥。他的工作是困难到极点的。他不知道他的哥哥在什么地方,甚至也不知道是否尚在人世。当时出外旅行是很危险的事情,因为明朝的政权已经倾覆,各地情形甚为混乱。然而,这位老人还是怀着宗教般的虔诚,不顾一切地出门,到处在城门上和客栈里张贴寻人的告白,希望找到他的哥哥。他就这样由中国西部一直旅行到东北诸省去,沿途跋涉几千里;经过了许多年,有一天,他到一个公共厕所里去,把伞放在墙边,他的哥哥的儿子看见那把伞上的名字,才认出他,带他到家里去。他的哥哥已死,可是他已经达到了他的目的,他已经替他的宗族找到一个子嗣了。

孔子为什么这样注重孝道,不得而知,可是吴经熊博士曾在一篇精彩的论文里(《真孔子》)说,其原因是因为孔子出世时没有父亲。《甜蜜的家》("Home, Sweet Home")一歌的作者一生没有家庭,这种心理上的原因是相同的。如果孔子小时候有父亲的话,他的父性观念一定不会含着那么浓厚的传奇浪漫色彩;如果他的父亲在他成人的时候还活着,这种观念一定会有更不幸的结论。他一定会看出他父亲的缺点,因此也许会觉得那种绝对孝敬父母的观念有点不易实行。无论如何,他出世的时候,他的父亲已经死了,不但如此,孔子甚至连他父亲的坟墓在何处也不知道。他的父母的结合是非正式的,所以他的母亲不愿告诉他父亲是谁。当他的母亲死时,他把她殡于(我想他的态度是玩世的)"五父之衢",后来他由一个老妇人处探出他父亲的葬处,才把他的父母合葬在另一个地方。

我们得让这个巧妙的理论去表现其自身的价值。关于家族理想的必要,我们在中国文学作品中可以找到许多理由。开头的观念是把人类视为家庭单位的一分子,而不把他视为个人。这观念又得一种人生观和一种哲学观念的赞助。那种人生观可以称为"生命之流"的原理,而那种哲学则认为人类天赋本能的满足,乃是道德和政治的最后的目标。

家族制度的理想必然是和私人个人主义的理想势不两立的。人类终究不能做一个完全孤立的个人,这种个人主义的思想是不合事实的。如果我们不把一个人当做儿子、兄弟、父亲或朋友,那么,他是什么东西呢?这么一个人变成了一个形而上学的抽象名词。中国人既然是具有生物学的思想,自然先想到一个人的生物学上的关系。因此,家族变成我们生存的自然生物学单位,婚姻本身变成一个家族的事情,而不是一个人的事情。

我在《吾国与吾民》里,曾指出这种占有一切的家族制度的弊害,它能够变成一种扩大的自私心理,妨害国家的发展。可是这种弊害在一切人类制度里都存在着,无论是在家庭制度里,或西方的个人主义和民族主义里,因为人类的天性根本是有缺点的。中国人始终觉得一个人是比国家更伟大,更重要的,可是他并不比家庭更伟大,更重要,因为他离开了家庭便没有真实的存在。现代欧洲民族主义的弊害也是同样明显的。国家可以很容易地变成一个怪物——现在有些国家已经变成怪物——把个人的言论自由,信仰自由,私人荣誉,甚至于个人幸福的最后目的完全吞没了。

我们可以用家族的理想来代替西洋的个人主义和民族主义;在这种家族的理想里,人类不是个人,而是家族的一分子,是家族生活巨流的主要部分。我所说的"生命之流"的原理,便是这个意思。在大体上说来,人类的生命可说是由许多不同种族的生命之流所造成的,可是一个人直接感觉到的,直接看见的,却是家族的生命之流,依照中国人和西洋人的比喻,我们用"家系"或"家族的树"一词,每个人的生命不过是那棵树的一部分或一个分枝,生在树身上,以其生命来帮助全树的生长和赓续。所以,我们必须把人类的生命视为一种生长或赓续,每个人在家族历史里扮演着一个角色,对整个家族履行其责任,使他自己和家庭获得耻辱或光荣。

这种家族意识和家族荣誉的感觉,也许是中国人生活上队伍精神或集团意识的唯一表现。为使这场人生的球戏玩得和别一队一样好,或者比别一队更好起见,家族中的每个分子必须处处谨慎,不要破坏这场球戏,或行动错误,使他的球队失败。如果办得到的话,他应该想法子把球带得远些。一个不肖子对自己和家族所造成的耻辱,是和一个任防御之责的球员接不住球,因而被敌人抢去一样。那个在科举考试里获第一名的人,是和一个球员冲破敌人防线,帮球队获得胜利一样。这光荣是他自己的,同时也是他的家族的。一个人中了状元或进士之后,他的家人、亲戚、族人、甚至于同镇的人,在情感上和物质上,都可以靠他获得一些利益。因此在一两百年之后,镇上的人还会夸口说:他们在某个年代曾经出过一个状元。一个人中了状元或进士之后,衣锦还乡,将一个荣誉的金匾高高放在他的祖祠里,家人和镇上的人都很高兴,他的母亲也许在喜极而流泪,全族的人都觉得非常荣耀。今日一个人获得一纸大学文凭的情形,跟从前那种热闹的情景比较起来,真有天壤之别。

在这个家族生活的图画里,我们可以找到许许多多的变化和颜色。男人自己经过了幼年、少年、成年、老年等时期:开头是由人家养育,后来转而养育人家,到年老的时候又由人家养育了;开头是服从人家,尊敬人家,后来年纪越大,越得人家的服从,受人家的尊敬。女人的出现尤其使这幅图画的颜色更为鲜明。女人踏进这个连续不断的家族生活的图画里，并不是要做装饰品或玩物，甚至根本也不做妻子，而是做家族的树的主要部分——使家族系统赓续着的要素。因为任何家族系统的力量，是有赖于那个娶入家门的女人及其所供给的血液的。贤明的家长是会谨慎选择那些有着健全遗传的女人的，正如园丁移植树枝时谨慎选择好种一样。一个男人的生活，尤其是他的家庭生活，是由他所娶的妻子所创造或破坏的，未来家庭的整个性格是受她的支配的：这是颇为合理的推断。孙儿的健康和他们所将受的家庭教养（这一点很受人们的重视），完全要看媳妇自己所受的教养如何。因此，这个家族理想里有一种无定形的，不明确的优生制度，以相信遗传的观念为根据，而且常常极力注重"门第"，这所谓"门第"，就是家中的父母或祖父母对于新娘的健康、美丽和教养等方面所定的标准。一般地说来，重心是在家庭的教养（跟西洋人选择"优良的家庭""Good home"里的女人意义一样），这种教养包括节俭、勤劳、举止温雅和有礼貌这些良好的旧传统。当父母有时不幸看见他们的儿子娶了一个举止粗鄙、毫无价值的媳妇时，他们往往暗中咒骂女家没有把他们的女儿好好教养起来。因此，父母对于女儿负有教育的责任，使她们出嫁之后不至于玷辱娘家的体面——比方说，她们如果不会烧菜或做好吃的年糕，便是玷辱了娘家的体面。

　　以家族制度中的生命之流的原理而言，永生差不多是看得见的，摸得到的。祖父看见他的孙儿背着书包上学去，心中觉得他确是在那孩子的生命里重度人生的；当他抚摸那孩子的手儿或捏捻其面颊时，他知道那是他自己的血肉。他自己的生命不过是家族之树的一部分，或奔流不息的家族生命巨流的一部分，所以，他是欣然瞑目而死了。为了这个缘故，中国父母最关心的事情是在去世之前看见子女缔成美满的姻缘，因为那是比自己的墓地或选择好棺木更加重要的事情。因为他要亲眼看见他的子女所嫁娶的男女是什么样子的人，才会知道他的子女所将过的生活，如果媳妇和女婿看来颇为满意，他是"瞑目无恨"的了。

这么一种人生观使一个人对世间的事物抱着远见，因为生命再也不是以个人的生命为终始了。球队在中卫线的要员失掉作战能力之后，还是继续比赛下去。成功和失败开始呈露着一个不同的局面。中国人的人生理想是：一个人要过着不使祖宗羞辱的生活，同时要有不损父母颜面的儿子。中国官吏辞去官职的时候常常说：

有子万事足，

无官一身轻。

一个人最不幸的事情也许是有一些"堕坏家声"或挥霍祖业的不肖子。家财百万的父亲如果有一个嗜赌的儿子，便无异已经把一生挣来的家财耗光。如果儿子失败了，那便是绝对的失败。在另一方面，一个眼光远大的寡妇如果有一个五岁的好儿子，便能够忍受多年的痛苦、耻辱，甚至于虐待和迫害。中国历史上和文学上充满着这种寡妇，她们忍受着一切的艰苦和虐待，生活下去，一直到她们看见儿子飞黄腾达，出人头地，甚至成为名人。蒋介石可说是最新的例证，他小时候和他的守寡的母亲受着邻人虐待。这位寡妇一天对她的儿子寄着希望，便也一天不气馁。寡妇大抵能够使她们的孩子在品性和道德方面得到特别的教育，她们的教育工作是成功的，因为女人普通较有实事求是的感觉；因此我常常觉得在儿童教养方面，父亲是完全不需要的。寡妇往往笑得最响，因为她笑得最迟。

所以，这么一种家庭生活的配合是令人满意的，因为在生物学各方面的人类生活都已经顾到。这终究是孔子的主要目标。在孔子的心目中，政治的最后理想是和生物学很有关系的："老者安之，少者怀之。""内无怨女，外无旷夫。"这是值得注意的，因为它不仅是一句关于枝节问题的话，而是政治的最后目标。这就是所谓"达情"的人文主义哲学。孔子要我们的一切人类本能都得到满足，因为我们唯有这样才能够由一种满足的生活而得到道德上的和平，而且也因为唯有道德上的和平才是真正的和平。这种政治理想的目的是在使政治变成不必要的东西，因为那种和平将是一种稳固的，发自人心的和平。

生物学上的问题

据我看来，任何文化的最后试验是：这种文化所产生的是哪一类的夫妻父母？与这么一个简单而严肃的问题比较起来，其他的各种文化的产物——艺术、哲学、文学和物质生活，都变成不甚重要的东西了。

当我的同胞绞尽脑汁在比较中西文化的时候，我总送他们这一服减轻痛苦的药剂，这已经成为我的妙计，因为这种药剂始终很有功效。研究西洋生活和学术的人，无论是在中国或留学外国，对于西方的伟大成就——由医药、地质学、天文学，到摩天大楼、美丽的汽车公路和天然色彩的照相机——自然是惊叹不已。他也许会赞颂这些成就，或许会因中国没有这些成就而感到惭愧，或许一面赞颂，一面感到惭愧。他产生一种下等错综的心理了，过了一会，你也许会发现他竭力在维护东方文化，态度骄傲，慷慨激昂；可是事实上他是不知所云的。为表示他的坚决的主张起见，他也许会排斥那些摩天大楼和美丽的汽车公路，虽则我至今还没有看见什么人在排斥一个精美的照相机。他的情形是有点可怜的,因为这么一来,他失掉批判东西文化的资格了,因为他不能作稳健合理、平心静气的批判。他给这种下等错综的思想所迷惑,所纠缠,是很需要一服中国人所谓"定心剂",以压低他的热度的。

我所提议的这么一种试验有一种奇怪的效力,它能把文明和文化上一切不重要的东西搁在一边,使人类在一个简单而清晰的方程式下完全平等。这样,文化上的其他一切成就便仅仅变成一种工具,以创造更好的夫妻、父母为最后的目的。百分之九十的人类既然是夫或妻,百分之百的人类既然都有父母,婚姻和家庭既然是人类生活上最切身的关系,那么,那种产生更好的夫妻和父母的文化,便能够创造更幸福的人生,同时,这种文化便也是更崇高的文化。那些和我们共同生活的男女的性格,是比他们所完成的工作更为重要的,每一个少女对那种能给她一个更好的丈夫的文化,是应该表示感激之心的。这种事情是相对的,每个时代和国家都有其理想的夫妻和父母。获得良好的夫妻的最佳方法,也许是实行优生的原理,这可以使我们在教育夫妻方面省却许多麻烦。在另一方面,一种文化如果忽略了家庭,或视家庭为无关重要的制度,结果定将造出一些更劣等的产品。

我知道我已经谈到生物学的问题上去了。我是属于生物学的,每一个男女都是属于生物学的。"让我们属于生物学吧",提出这种口号是没有用的,因为不管我们愿意不愿意,我们事实上是属于生物学的。人人都在生物学上感到快乐,在生物学上感到愤怒,在生物学上立定志向,在生物学上信仰宗教,或在生物学上酷爱和平,虽则他自己也许不知道。我们大家既然是生物,自然不免都出世做婴儿,吮吸母亲的乳汁,长大之后结婚生子。每个男女都是女人所生的,差不多每个男人都终身和女人共同生活,成为男女孩子的父亲;每个女人也是女人所生的,差不多每个女人都终身和男人共同生活,生男育女。有些人不愿做父母,像树木花草不愿产生种子去赓续它们族种的生命一样,可是没有人能够拒绝有父母,正如没有树木能拒绝由种子产生出来。所以,我们看见一个根本的事实,就是:人生最重要的关系是父母和子女的关系,任何一种人生哲学如果不讲求这个根本的关系,便不能说是适当的哲学,甚至于不能说是哲学。

可是,仅仅男女的关系还是不够;这种关系必须以婴儿的产生为结果,否则便是不完全的关系。文化绝对没有理由可以剥夺男女产生婴儿的权利。我知道这在目前是一个很真实的问题,我知道今日有许多男女不结婚,也有许多男女结婚以后为了某种原因不愿生男育女。据我看来,不管原因是什么,一个男人或女人没有把子嗣遗留给世界,便是他或她一生所犯的最大罪恶。如果不能生育是由于身体上的关系,那么,那个身体是退化的,是错误的;如果不能生育是为了生活程度太高,那么,生活程度太高是错误的;如果不能生育是为了婚姻的标准太高,那么,婚姻标准太高是错误的;如果不能生育是由于一种个人主义的荒谬哲学,那么,那种个人主义的哲学是错误的;如果不能生育是由于社会制度的整个机构,那么,那个社会制度的整个机构是错误的。也许到了二十一世纪,当我们在生物学方面更有进步,更了解我们自己做生物的地位时,男女会看见这个真理。我相信二十世纪会变成生物学的世纪,像十九世纪变成比较自然科学的世纪那样。当人类更会了解自己,知道反抗天赋给他的本能是徒劳无功时,他一定更会赏识这种简单的智慧。当我们听见瑞士的心理学家琼格(Jung)劝那些来求医的有钱的女人回乡去生子,养鸡,种红萝卜时,我们已经看见这种逐渐生长的生物学智慧和医学智慧的征兆了,那些有钱的女病人的问题是在她们缺乏生物学上的机能,或她们生物学上的机能太低级,太无用了。

自从有史以来,男人还不曾学会怎样和女人共同生活。虽然如此,男人却是和女人过着共同生活的，这真是怪事。如果一个男人知道人类要出世都需要一个母亲，那么他便不能对女人说坏话。他由出世到死亡始终是给女人围绕着的，母亲、妻、女儿等，如果他不结婚，他还得像华兹华斯（William Wordsworth）那样，靠着他们的姐妹过活，或者像斯宾塞（Herbert Spencer）那样，靠着他的女管家过活。如果他不能和他的母亲或姐妹维持一种正常的关系，那么，无论什么优越的哲学都不能拯救他的灵魂；如果他甚至和他的女管家也不能维持正常的关系，愿上帝怜悯他吧！

　　一个男人如果不能和女人维持正常的关系，如果过着一种邪曲的道德生活，像王尔德（Oscar Wilde）那样，而依然在喊道："男人不能和女人共同生活，也不能离女人而生活！"他的心中是有着某种悲哀的。所以，由一个印度故事的作者那时到二十世纪初叶王尔德的时候，人类的智慧似乎不曾有过一时的进步，因为那个写出创造天地的印度故事的作者，在四千年前所表现的思想，和王尔德的见解颇为相同。据这个创造天地的故事说：上帝在创造女人的时候，撷取花卉的美丽，禽鸟的歌声，霓虹的色彩，微风的轻吻，波浪的大笑，羔羊的温柔，狐狸的狡猾，白云的任性和骤雨的多变，而把它们造成一个女人，给男人做妻子。印度故事中的亚当是快活的，他和他的妻子在美丽的大地上漫游着。过了几天，亚当跑来对上帝说："把这女人领开去吧，因为我不能和她共同生活。"上帝答应了他的请求，把夏娃领开去了。于是亚当觉得孤独，依然不快活；过了几天，他又跑来对上帝说："把我的女人还给我吧，因为我没有她不能生活。"上帝又答应了他的请求，把夏娃还给他。再过了几天，亚当跑来请求上帝说："请你把你所造的这个夏娃领回去吧，因为我绝对不能和她共同生活。"智慧无限的上帝又答应了。后来亚当第四次跑来找上帝，诉苦说：他没有他的女伴是不能生活的。在这个时候，上帝要他立下诺言，说他不要再改变主张，说他要和她同尝甘苦,尽他们的能力所及,在这世上过着共同的生活。我想甚至在今日,这幅图画根本还没有什么改变。

中国姑娘怎样爱美
——致一位法国作家的公开信

尊敬的 M.德克布拉:

世事多变。我上次在福州路的裕丰泰酒楼与你晤面,我们当时不仅吃螃蟹肉,饮绍兴酒,还有上海的几位窈窕淑女陪坐。想到你们的"夜间快车之女",我建议你写一篇"螃蟹与淑女"的随笔,但你不以螃蟹为意,专在倾听淑女的谈话。酒美蟹佳(你却醉翁之意不在酒),中国淑女俏丽娇媚。那天晚上的情趣至今使我回味无穷。我在席间不禁想到,你有幸看到的中国现代女郎正值青春韶华,这样的运气可能会改变你对中国女人的整体看法。我不知道,你的热情会使你忘乎所有,你对中国女人的过誉之辞会置你于尴尬境地。现在我们北平有些女大学生在向你抗议,说你夸赞她们漂亮等于唐突了她们。也许你自己弄不清楚惹祸的原因,我愿为你分析中国女大学生的心理,帮你排忧解难。

现在,我遇见所有属于一流艺术家的欧洲游客都有这样的看法:中国姑娘美丽娴雅,她们的衣饰也有着欧洲女士身上找不到的诱人魔力。但就我所知,你是开诚布公敢于宣称中国姑娘漂亮的第一人。据说你的品位很差,你喜欢中国的菜肴,还喜欢中国的姑娘,更有甚者,兴许你有一天会放弃你坚定的独身主义而娶一个中国女子。像你这篇石破天惊的言论,见诸中国报刊还是头一遭。我从未听到侨居上海的欧洲人赞美过中国菜肴、中国服装、中国建筑或中国女人,就算我个人听到过,但整个"中华民国"仍然不知道自己有如许值得赞美的事物。有些英国人私下羞怯地承认他们真的喜欢中国菜肴,但体面的英国人绝不会在上海的夜总会里声言他喜欢中国菜肴、中国女人或中国民众,否则他会被讥为"怪种"而即刻面子丢尽……事情发展到这样的地步:中国人当着洋人的面不敢按自己的方式咳饭吃菜,不敢穿自己的长袍,不敢讲自己的语言,不敢拥有中国风格的园林。现在你竟冒天下之大不韪,胆敢说中国姑娘很漂亮,当然没人相信你,中国姑娘自己更不会相信你。女大学生们不愿信任你了。在北平发起抗议你的潘小姐当然说你是在挖苦人。当然你是开玩笑——可令人不能容忍的是——你是在嘲笑她们。一位女作家在《大晚报》上问:你为什么要嘲笑中国女人而不嘲笑巴黎女人?潘小姐质问你为什么不谈文学仅谈女人(这是大学生提出的有代表性的问题)。给《中国时报》撰稿的一名男士提的问题更是一针见血:你为什么不侮辱其他国家的女人,而偏偏侮辱中国姑娘?对于这个问题,中国女人难道不也应当反思吗?《大晚报》上登的一位女读者的回声词意诚恳,发人深省:虽然我们不高兴受人侮辱,可我们也应引咎自责……啊,姐妹们,我们必须猛醒……所有这些就因为你说过(据《申报》消息),你理想的女人是快乐的东方美女!

不,我们吓怕了,我们受辱丧气,我们再也不能相信任何说中国好话的人了。看到外国游客虔诚地呆立于天坛之前,我们感到天坛应当俯首自惭。我们深感遗憾的是,天坛不是钢筋混凝土建的,楼高也才三层。听到洋人说天坛漂亮,如果天坛是潘小姐,即使不指控洋人是在蓄意侮辱,也要不满地对他说:"你没半句正经话。"天坛像个女奴,尽管一生备受虐待,但突然发现有人拍她的背,她就会惊怒地叫喊:"你怎敢无礼!"但是,德克布拉先生,你偏敢这样做。现在除了你老是赞不绝口地说"中国姑娘美极了",再没有别的法子使她们相信你。倘若以后有个欧洲小说家跑来赞同你的观点,他的烦恼也许会比你的少些。

当然,你知道我用意何在。"自卑感"一词虽然已是陈腐的老调,现在还得重新弹起。作为一个小说家，你当然知道，自卑心理的存在，并不是因为一个人是真正的卑下。你只需对某人说他不中用，一天说十次，他自己很快的就会信以为真。主日学校就是这样培养了那么多的"坏孩子"——培养的方式就是警告孩子们，他们想要红带或糖果，他们就是坏孩子——于是他们像罪犯一样回到家里，告诉父母他们是坏孩子，真令人焦躁不安。德克布拉先生，你在远东的白人兄弟都是主日学校的传道士，他们凭胡须剃尽、貌似和善的优势，总是说他们憎恶肮脏、肥脸的黄种人。这样一来，使得我们也以为我们是魔鬼的孩子，而且还在我们对此半信半疑时，他们就会这样直率地告诉我们。当然，上海夜总会里的白色火种表现出的优越感，并非完全出于自私。他们需要优越感。人生通常乱成一团，人类又是如此渺小。所以，能有一个好祖先，沾点祖传的光辉，这于人实在大有裨益。如果没有那份福气，如果并非每一个侨居此地的洋人都能在自己的客厅里挂上一幅祖先的油画像，他就应该相信他身上流动的是他那穴居时代的优秀始祖的正宗血液，这样对他也很有好处。如此做来就会一切如意，就能产生自信心。自信意味着成功，正如所有美国心理学教授一致指出的。自信的人是不必去为中国的事情操心费神的。但我刚才讲的是自卑感的由来，特别是解释潘小姐何以自卑。不管白种人的优势怎样，不管梅·韦斯特与葛丽泰·嘉宝主演的电影如何，中国女大学生对这些金黄卷发的蓝眼人都是求之不得的。潘小姐从没想到，垂发乌亮、柳腰款摆的中国姑娘居然能迷惑欧洲人。电影广告的作用真不小，其显著效果是，潘小姐主张举国声讨你，因为你胆敢说你的理想就是东方美人。真是东方美人！你们为什么不讨论文学。却单单谈论我们可怜的女子呢？

现在你该明白了，为什么你对中国姑娘竭力鼓吹，说她们是多么的妩媚文雅，也许比她们的西方姐妹更加端庄高贵，而你没有灰心丧气吧,是吗?那么请你回到巴黎去,研究一套为女士涂染金发蓝眼的方案,你再来中国便能发大财。你下次光临中国时,不仅有中国女大学生代表团挥舞彩旗拥向码头热烈欢迎你,而且所有的中国女大学生们都会是你热诚的好顾客。那时她们才相信你不是开玩笑了。

你的林语堂

一篇没有听众的演讲

以前在哪儿说过,假如有人仿安徒生作"无色之画",做几篇无听众的演讲,可以做得十分出色。这种演讲的好处,在于因无听众,可以少忌讳,畅所欲言,倾颇合"旁若无人"之义。以前我曾在中西女塾劝女子出嫁,当时凭一股傻气说话,过后思之,却有点不寒而栗,在我总算掬愚诚,郊野曳献曝,而在人家,却未必铭感五内。假如在无听众的女子学校演讲,那便可尽情发挥了。比如在这样一个幻想的大学毕业典礼演讲,我们可以不怕校长难为情,说些时常敢怒而不敢言的话。在一个幻想的小学教员暑期学校,也可以尽情吐露一点对小学教育不大客气的话……婚姻的致辞向来也是许多客套,没人肯对新郎新娘说些结婚常识而不免有点不吉利的老实话。因此我就以"婚礼致辞"为题作例举隅:

玛丽、兴哥,恭喜。今天兄弟想借这婚礼的盛会,同你们谈谈常人所不肯谈的关于结婚生活的一点常识。婚姻生活,如渡一大海,而你们俩一向都不是舵工,不会有半点航海的经验。这一片汪洋,虽不定是苦海,但是颇似宦海、欲海,有苦也有乐,风波是一定有的。如果你们还在做梦,只想一帆风顺,以为婚姻只有甜味,没有苦味,请你们快点打破这个迷梦。但是你们做梦，罪不在你们。世上老舵工航海的经验，向来是讳莫如深的。你们进过大学，受过高等教育，懂得天文地理的常识，但是没人教授过你们婚姻的常识。你们知道太阳与星球的关系，但是对于夫妇的关系，是有点糊里糊涂。假如我此刻来考你们，你们一定交白卷。这是现代的教育。玛丽，你懂得什么节育的道理，做妻的道理，驾驭丈夫的道理？兴哥，你懂得什么体谅温存的道理，女子哭时，你须揩她的眼泪；女人月经来时，你须特别体贴，你懂得吗？古人世界地理不如你们，但是夫道妇道比你们清楚。兴哥，现代教育教你作文，并没有教你做人。玛丽，现代教育教你弹钢琴，做新女子，并没有教你做贤妻。你说贤妻应该打倒，好，请你整个不要做妻，才是彻头彻尾的办法，不然难道做不贤妻便可以完账了吗？补袜子的固然无益于"世界文化之前锋"，但是丝袜穿一只，扔一只，也是无补于世界文化的。总而言之，天下男女未全赤足之时，袜子总要有人补的，假如你不能自己补袜子而替兴哥省一点钱，你就马上文明起来吗？单单为这丝袜问题，兴哥就要和你吵架。你说补袜子是奴隶、是顽腐、不文明、不平等。好，兴哥得替人家抄账簿、拿粉笔，甚至卖豆腐，何尝不是奴隶？现代社会是叫男子赚钱，女子花钱的，若要反过来叫女子赚钱男子花钱，我也不反对。但是在制度未改之前，你不肯补袜子，替兴哥省一点钱，你就是一个不好的老婆，虽然是新文明的女子，钱是大家的，你们不肯合作，就得吵架。

在今天说到"吵架"两字，是有点不吉利的，是。但我并不后悔。早晚你们是要吵架的。世上没有不吵过架的夫妇。假定你们连这一点常识都没有，请你们先别结婚，长几年见识再来不迟。你们还不知道婚姻是怎么一回事，婚姻是叫两个个性不同、性别不同、兴趣不同、本来过两种生活的人去共过一种生活。假定你们不吵架，一点人味都没有了。你们此去要一同吃，一同住，一同睡，一同起床，一同玩。世上哪有习惯、口味、性欲、嗜好、志趣若合符节的两个人。向来情人都很易相处的，一结婚就吵起架来。这是因为在追求时代，大家尊重各人食寝行动的自由，一结婚后必来互相干涉。你的时间不能自己做主了，出入不能自己做主了，金钱也不是你一人的了，你自己的房间书桌也不是你一人的了。连你的身体也不是你自己的了。有人要与你共享这一切的权利。兴哥，有人将要有权利叫你剪头发，叫你换手绢，换一句话，你又要进你自以为早已毕业的小学校了。玛丽，有人要对你说不大客气的话，如同他对自己的姐妹一样。他不能永远向你唱恋之歌，永远叫你"达令"、"安琪儿"，像他追求你的时候一样。一天到晚这样也未免单调。这种的表示，要来得自然才好。你要一定坚持兴哥行这义务，也未尝不可，不过兴哥一天三餐照例叫你三声"小天使"，于你也没有什么好处，反而呆板而失诚。夫妇之间，"义务"、"本分"两字最忌讳的。你若受了西洋人的影响，叫兴哥出门必定亲吻你一下，也未尝不可，不过兴哥奉旨亲吻总有点不妙，你自己也太觉无趣了。亲吻须如文人妙笔，应机天成才好。比方你话说得巧，他来亲你一吻，表示赞叹，这一吻是非常好的。或者两人携手游园，他突然亲你的颈，这一吻也是好的。你若因为兴哥出门不亲吻同他吵，那只令兴哥苦恼而已。你吵时，也许兴哥非常温存，拍拍肩背抚慰你，心里却在怪女子太麻烦了，为什么有这么许多泪水。

我诚实告诉你，结婚生活不是完全沐在蜜浴里的，一半也是米做的。玛丽，你脊梁须要竖起来，一天靠吃蜜养活是不成的。你得早打破迷梦，越早排弃你韶龄小女学生桃色的痴梦，而决心做一活泼可爱可亲的良伴越好。因为罗曼蒂克不久要变成现实，情人的互相恭维捧场，须变成夫妇相爱相敬的伴侣生活。假定你不能叫兴哥把你看做一个可敬可亲的女人，也别梦想他要捧你做一个绝代的小天使。

你们那些情书，大可以焚掉了。除非你们是亚伯拉罕与埃卢伊，别人不要看的。过了些时候，你们自己也不要看，若非那情书中除了你们俩互相捧场的话以外，还有别种意味。假如这情书中表示着是两人的一段奋斗，交换两人对人生对时事的意见，那是要保存的。但是书信中只有你叫我心肝我叫你肉，你称我才郎我称你佳人这一套痴话，过了十年，你自己看看，才要伤心。兴哥，你别哄自己。玛丽并不是安琪儿、小天使。她只是很可爱很活泼的一个女子，她有的是幽默，是通见，是毅力，能帮你经过人生的种种磨炼。她也算漂亮，但是你不久就要发现别人的太太更加漂亮。但是如果她单是漂亮，别无所长，那你须替她祷告。

你不久对那一副漂亮面孔，就会生厌，尤其是不搽粉打哈欠的时候。我明明知道有漂亮太太的男人，每每怪异人家何以把他太太看得像神仙似的。他们都是说："不懂你们怎么看法？"《雨花》不是曾经载过一段故事吗？有青年在霞飞路上看见前面一个艳若神仙的女子同一男人走路，就低声发一感慨说："讨了这样一个丽人做太太，不知要怎样快活像得神仙似的！"碰巧那位男子听到这一句话，回头来向青年说："那个女人并不是丽人，她是我的太太，我已经讨了她十年，但现在此刻仍旧在人间世上，并没有成仙。"

不，兴哥，女人的美不是在脸孔上，是在姿态上。姿态是活的，脸孔是死的，姿态犹不足，姿态只是心灵的表现，美是在心灵上的。有哪样慧心，必有哪样姿态，搽粉打扮是打不来的。玛丽是美的，但是她的美，你一时还看不到。过几年，等到你失败了，而她还鼓励你，你遭诬陷了，而她还相信你，那时她的笑是真正美的。不但她的笑，连她的怒也是美的。当她双眉倒竖，杏眼圆睁，把那一群平素往来，此刻轻信他人诬陷你的朋友一起赶出门去，是的，那时你才知道她的美。再过几年，等她替你养一两个小孩，看她抱着小孩喂奶，娩后的容辉焕发，在处女的脸上，又添几笔母爱的温柔，那时你才知道处女之美是不成熟的，不丰富的，欠内容的。再过几年，你看她教养叔责儿女，看到她的牺牲、温柔、谅解、操持、忍耐，头上已露了几丝白发，那时，你要称她为安琪儿，是可以的。

我已经说了一大堆话，浪费你们宝贵欢乐的时间。但是对你，玛丽，我还要说一句话，就是把你当我的女儿，也是要这样说的。你以为嫁了兴哥，兴哥整个地是属于你了，你可以整个地占有他了。你试试看吧。假如兴哥是个好男子，有作为，有才干，有自重心——这是成功必要的条件——他必不会全盘为你所占有。有的女人是要这样一个完全服从、完全听话的丈夫。比如在座那位朱太太。你看她把朱先生弄成什么样儿。老朱还有一点人味儿吗？他小时服从母亲，出来服从老板，在家服从太太。他老跟人家抄账，但是你想他除了抄账以外，还能有所作为吗？玛丽，你愿意嫁给这样一个丈夫吗？我的意思是说，女子不应该图占丈夫整个十成的身体。假定兴哥十成中有七成属于你，三成属于他的朋友、他的志趣、他的书籍、他的事业，你就得谢天谢地了。有一种人一结婚，连朋友都不敢来往了，这还成个人吗？你或者以为你非常有趣，你的丈夫一天到晚看你看不厌，然而至少他心灵中也有一部分需要不是你所能满足，而只有朋友、书籍能满足的。你一定要十成十足把他占有，结果他变成你的监犯，而你变成他的狱卒，而你要明白监犯没有恋爱狱卒之理，于是他越看你越恨，而越恨越非看你不可，感情破裂，乃意中事。那时你才照镜自怜，号啕大哭，自怨自艾叹着"他不爱我了"，也是无用。不同，你也得明理些，这样驾驭丈夫是驾驭不来的。你也不可太看轻兴哥，以为他还得拉着你的裙带走路，他若真这样无用，这样靠不住，一刻不可放松，你简直不必嫁给他好了。假定因你的拘束而他果然不嫖、不赌、不吸烟、不喝酒，这种外来的拘束，也算不得有什么伦理的价值。你不能嫁一个男子来当你的小学生，自己做起女塾师。你知道塾师都是讨厌的，而你决不愿意兴哥讨厌你。你今天想起要烫头发，兴哥何必陪你去剃头？你自己不吸烟，兴哥为什么不可大吸其烟?婚姻之破裂,都是从这种极琐碎的事而来的。夫妇之结合必建筑于互相了解、互相敬重的基础之上。玛丽,我知道你很明理,很有通见,而你也不要看轻自己,要知你不一定要做兴哥的塾师、狱卒,仍旧有可吸引他的力量,有可得他敬重的人格。你也可以给他一点自由,一点人格。他对你这样的了解信重,比对你的过分的关防,还要因此更爱你。到了那个时候,他真要宝贵你如同一颗可遇而不可求的稀世之宝,好像没有像你这样一位彻底了解他的夫人,他就活不下去。世上这样稀世之宝本来不多。所以玛丽,我劝你做这样一个稀世之宝。

妓女与姜

女人的本分,应该是"贤妻良母"。她既忠贞,又柔顺,而常为贤良的母亲,抑且她是出于天性的贞洁的。一切不幸的扰攘,责任都属于男子。犯罪的是男子,男子不得不犯罪,可是每一次他犯罪,少不了一个女人要被拖累。

爱神,既支配着整个世界,一定也支配着中国。有几位欧美游历家曾冒昧发表意见谓:在中国,吾人觉得性之抑制,反较西洋为轻,盖因中国能更坦直地宽容人生之性的关系。科学家厄力理斯(Havelock Ellis)说过:现代文化一方面把最大的性的刺激包围着男子,一方面却跟随以最大的性的压迫。在某种程度上性的刺激和性的压迫在中国都较为减少,但这种仅是真情的方面。坦率的性的优容只适用于男子而不适用于女子,女子的性生活一直是被压迫的。最清楚的例子可看冯小青的一生,她因为嫁充侧室,被其凶悍的大妇禁闭于西湖别墅,不许与丈夫谋一面,因而她养成了那种自身恋爱的畸形现象。她往往乐于驻足池旁以观看自己倒映水中的倩影,当其香消玉殒的不久以前,她描绘了三幅自身的画像,常焚香献祭以寄其不胜自怜之慨。偶尔从她的老妈子手中遗留下来残存的几篇小诗,看出她具有相当的诗才。

一般,男子实不甚受性的压迫,尤其是那些较为优越的阶段。大多著名的学者像诗人苏东坡、秦少游、杜牧、白居易之辈,都曾逛过妓院,或将妓妇娶归,纳为小妾,固堂而皇之,无容讳言。事实上,做了官吏的人,侍妓宥酒之宴饮,无法避免,也无虑乎诽谤羞辱。自明以迄清代,金陵的秦淮河,即为许多风流艳史的产生地。这个地点邻近夫子庙畔,是适宜而合于逻辑的,因为那是举行全国考试的地点,故学子云集,及第则相与庆贺,落选则互相慰藉,都假妓院铺张筵席。直至今日,许多小报记者犹津津乐道其逛画舫的经历,而诗人学者都曾累篇盈牍地写其妓寮掌故,因而“秦淮河”三字盖极亲密地与中国文学史相牵连着。

中国娼妓之风流的、文学的、音乐的和政治关系的重要性,无须乎渲染。因为由男人想来,良家妇女而玩弄丝竹,为非正当,盖恐有伤她们的德行。亦不宜才学太高,太高的才学往往有碍道德。至于绘图吟诗,虽亦很少鼓励,然他们却不绝寻找女性的文艺伴侣,娼妓因乘机培养了诗画的技能,因为她们不需用“无才”来作德行的堡垒,遂益使文人趋集秦淮河畔。每当黑的天幕把这不夜的秦淮河转化成威尼斯,他们就座于大画舫中,听着那来来去去的船上姑娘唱着热情的小调儿。

既有这样香艳的环境,文人遂多来此寻访艺妓。她们大都有一技之长,或长于诗,或长于画,或长于音乐,或长于巧辩。在这些天资颖慧、才艺双全的艺妓中,当推明妓董小宛允称个中翘楚,最为一般士大夫所爱悦。后来她嫁给名士冒辟疆为妾。在唐代,则以苏小小领袖群芳,她的香冢至今立于西子湖畔为名胜之了,每年骚人游客,凭吊其旁者,络绎不绝。至其他攸关一国政局兴衰者,亦复匪鲜,例如明末的陈圆圆本为吴三桂将军的爱妾,李自成陷北京,掳之以去,致使吴三桂引

清兵入关,原谋夺还圆圆,谁知这一来大错铸成,竟断送了明朝而促成
了清朝统治权。可异者,吴三桂既助清兵灭亡明室,陈圆圆乃坚决求
去,了其清静之余生于商山特建之别院中。吾人又可观李香君之史迹。
她是一个以秉节不挠、受人赞美的奇女子,她的政治志节与勇毅精神
愧煞须眉男子。她所具有的政治节操,比之今日的许多男子革命家还
为坚贞。盖当时她的爱人侯方域迫于搜捕之急,亡命逃出南京,她遂闭
门谢客,不复与外界往来。后当道权贵开宴府邸,强征之侑酒,并迫令
她歌唱,香君即席作成讽歌,语多侵及在席的权贵,把他们骂为阉监的
养子,盖此辈都为她爱人的政敌。正气凛然,虽然弱女子可不畏强权,
岂非愧煞须眉?此等女子所写的诗,颇有流传至今者。中国才女之史
迹,可窥见其一部于薛涛,马湘兰,柳如是等几位名妓的身世中。

　　青楼妓女适应着许多男性的求爱、罗曼蒂克的需要,盖许多男子
在婚前的年轻时代都不想错过这样风流的机会。我用"求爱"这个字眼
是曾经熟思的,因为青楼妓女不同于一般放浪的卖淫妇也,她须得受
人的献媚报效。这样在中国算是尊重妇女之道。有一部专事描写近代
青楼艳事的小说《九尾龟》,告诉我们许多男性追求那看来似乎容易取
悦的姑娘,往往经年累月,花费了三四千两银子,始得一亲芳泽。这种
不合理的情形,为妇女遮藏时代始有之现象。然男人在别处既无法追
寻异性伴侣,一尝风流的罗曼蒂克况味,则此等情形亦属事理之常。男
子对于结交异性既无经验,在家庭中又吃不消黄脸婆子的絮聒,始乃
颇想尝尝西洋人在婚前所经历的所谓"罗曼蒂克"的滋味。这样的人见
了一个颇觉中意的妇女,不由打动心坎,发生类乎恋爱的一股感觉。青
楼女子经验既富,手段娴熟,固不难略施小技,把男子压倒在石榴裙
下,服服帖帖。这便是中国很正当而通行的一种求爱方法了。

　　有时,一种真实的罗曼蒂克也会发生,有似欧美人士之与情妇恋
爱者。如董小宛与冒辟疆之结合经过,自从其初次会见之艰难以至其

时日短促的新婚幸福生活,读来固无殊其他一般之罗曼蒂克也。罗曼蒂克之结局,有可悲者,亦有可喜者。如李香君则长斋礼佛,终其生于寺院中,顾横波,柳如是则享受其贵妇生活于显宦家庭中,颇为后世所艳羡。

妓女是以让许多男子尝渤罗曼蒂克的恋爱滋味,而中国妻子亦多默许丈夫享受比较入世的近乎实际生活的爱情。有时这种恋爱环境真是扑朔迷离,至如杜牧,经过了十年的放浪生活,一旦清醒,始归与妻室重叙所谓"十年一觉扬州梦,赢得青楼薄幸名"也。有的时候,也有妓女而守节操者,像杜十娘。另一方面,妓女实又继承着音乐的传统,没有妓女,音乐在中国恐怕至今已销声匿迹了。妓女比之家庭妇女则反觉得所受教育为高,她们较能独立生活,更较为熟悉于男子社会。其实在古代中国社会中,她们才可算是唯一的自由女性。妓女之能操纵高级官吏者,常能掌握某程度的政治实权。关于官吏的任命,凡有所说项,有所较议,胥取决于她的妆阃之中。

妓女的归宿,总无非是嫁做小妾,或做男人外室情妇,像上面所提过的几位,都是如此。置妾制度之历史的久远,殆不亚于中国自身之年龄。而置妾制度所引起的问题,亦与一夫一妻制之成立而并兴。倘遇婚姻不如意,东方人转入青楼北里,或娶妾以谋出路;西洋人的解决方法则为找一情妇,或则偶尔干干越礼行为。两方社会行为的形态不同,然其基本关键则不谋而合。其差异之由来,则出于社会态度,尤其妇女本身对待此等行为之态度。中国人之娶妾,为经公众之容忍而堂皇之行为,在西洋则有耻言姘妇之习俗。

坚持以男性为中心的嗣续观念,亦为鼓励娶妾之一大主因。有些中国好妻子,倘值自己不能生产男孩子,真会自动要求丈夫纳妾的。明朝的法律且明白规定:凡男子年满四十而无后嗣者得娶妾。

此外,娶妾这一个方法亦即所以代替欧美之离婚事件。结婚和离婚为最困难的社会问题，至今犹无人能解决之。人类的智慧上还没有发明过完全解决的办法，除非如天主教的办法可算是一种解决之道，它盖整个儿否认此种问题之存在。吾人所可断言者，即婚姻为妇女唯一之保障，无论何时，男子的道德倘有疏懈，受痛苦者，厥为女性，不论是离婚，是娶妾，是重婚，或滥施恋爱。在性的关系中，好像有一种天生的永久不平等和不公平。因为性的平等这一个名词，非造物所知；造物之所知者，厥为种族之延续而已。所谓现代婚姻，男女双方以五〇比五〇为基本原则者，生产了小孩以后，实际总成为七五比二五之男性占便宜。倘令有一个妇人当双方爱情冷淡时真肯诙谐地解除男人之束缚，则四十岁男人所能享受的利益，那个离了婚的四十岁老妇人且为生过三个孩子的母亲者不能享受。真实的平等是不可能的。

利用此种概念，可资以辩护娶妾制度。中国人把婚姻看做一个家庭的事务，倘婚姻不顺利，他们准许娶妾。这至少可以使家庭保全为一社会的单位。欧美人则反乎是，他们把婚姻认为个人的罗曼蒂克的情感的事务，是以准许离婚，可是这一来，拆散了社会单位。在东方，当一个男子成了大富，无事可做，日就腐化，乃不复爱其妻子，为妻子者，不得不勉自抑制其性欲，不过她居于家庭中，仍能保持其坚定崇高之地位，仍为家庭中很有光荣的首领，围绕于儿孙之间，在生命的另一方面领受其安慰。在欧美，那些摩登夫人向法院提出了离婚的诉讼，敲一笔巨额生活费，走出了家庭，多半是去再嫁的。是那些不被丈夫爱护而能保持家庭中荣誉地位的比较幸福呢？还是拿了生活费而各走各路的比较幸福呢？这一个问题殆为一迷惑不可解的大哑谜。在中国妇女尚未具备西方姐妹之独立精神时，那些弃妇常为无限可怜的人，失掉了社会地位，破碎了家庭。世界上大概有一个幸福妇人，便另有一个无论怎样尽人力所及总不能使她成为幸福的妇人。这个问题就是真正的妇女经济独立也不能解决它。

在中国，这样的情形每日都有见闻，而那些摩登姑娘以其残忍的心肠撵出人家原来的妻子，照我看来，跟我们的祖宗的野蛮思想相差不过毫厘之间，虽然她们的摩登足以不容另一女人以同等的身份同居，在过去，往往有一个实际是好妇女，受了环境关系的支配，致勾搭上了已经结了婚的男子，而她又衷心爱他，因服顺自动的愿充偏房之选，并甘心低下地服侍大妇。而现在则各不相让，彼此掮着一夫一妻制的招牌，想撵出另一个人而攘取她的地位，这在女子看来，可以认为较为进步的方法。这是摩登的、解放的与所谓文明的方法。倘妇女界自身喜欢这种办法，让她们这样干下去好了，因为这就是她们自身才是第一个受到影响的人。年轻貌美的女子。自然在她们的同性斗争中会获得胜利而牺牲了老的女人。这个问题实在是既新而又长久的了。婚姻制度是永久不完美的，因为人类天性是不完美的。我们不得不让这个问题以不了了之。或许只有赖天赋之平等均权意识和父母责任心之增进，始能减少这种案件的数量。

当然，辩护娶妾制度是废话，除非你准备同时辩护一妻多夫制。辜鸿铭是爱丁堡大学的硕士，是一位常喜博引卡莱尔（Thomas Carlyle）和亚诺德（Mathew Arnold）文字的学者，他曾经辩护过多妻制度。他说："你们见过一把茶壶配上四只茶杯，但是可曾见过一只茶杯配上四把茶壶吗？"这一个比喻的最好的答辩莫如《金瓶梅》中西门庆的小老婆潘金莲说的那句话："哪有一只碗里放了两把羹匙还会不冲撞的吗？"潘金莲当然不是无意说这句话的。

当时只道是寻常

纪元旦

今天是廿四年二月四日，并非元旦，然我已于不知不觉中写下这"纪元旦"三字题目了。这似乎如康有为所说吾腕有鬼欤？我怒目看日历，明明是二月四日，但是一转眼，又似不敢相信，心中有一种说不出阳春佳节的意味，迫着人喜跃。眼睛一闭，就看见幼时过元旦放炮游山拜年吃橘的影子。科学的理智无法镇服心灵深底的荡漾。就是此时执笔，也觉得百无聊赖，骨胳松软，万分苦痛，因为元旦在我们中国向来应该是一年三百六十日最清闲的一天。只因发稿期到，不容拖延，只好带着硬干的精神，视死如归，执起笔来，但是心中因此已烦闷起来。早晨起来，一开眼火炉上还接着红灯笼，恍惚昨夜一顿除夕炉旁的情景犹在目前——因为昨夜我科学的理智已经打了一阵败仗。早晨四时半在床上，已听见断断续续的爆竹声，忽如野炮远攻，忽如机关枪袭击，一时闹忙，又一时凉寂，直至东方既白，布幔外已透进灰色的曙光。于是我起来，下楼，吃的又是桂圆条，鸡肉面，接着又是家人来拜年。然后理智忽然发现，说《我的话》还未写呢，理智与情感斗争，于是情感屈服，我硬着心肠走来案前若无其事地照样工作了。唯情感屈服是表面上的，内心仍在不安。此刻阿经端茶进来，我知道他心里在想"老爷真苦啊！"

因为向例，元旦是应该清闲的。我昨天就已感到这一层，这也可见环境之迫人。昨晨起床，我太太说"Y.T.你应该换礼服了！"我莫名其妙，因为礼服前天刚换的。"为什么？"我质问。"周妈今天要洗衣服，明天她不洗，后天也不洗，大后天也不洗。"我登时明白。元旦之神已经来临了，我早料到我要屈服的，因为一人总该近情，不近情就成书呆。我登时明白，今天家人是准备不洗，不扫，不泼水，不拿刀剪。这在迷信说法是有所禁忌，但是我明白这迷信之来源：一句话说，就是大家一年到头忙了三百六十天，也应该在这新年享一点点的清福。你看中国的老百姓一年的劳苦，你能吝他们这一点清福吗？

这是我初次的失败。我再想到我儿时新年的快乐，因而想到春联、红烛、鞭炮、灯笼、走马灯等。在阳历新年，我想买，然而春联走马灯之类是买不到的。我有使小孩失了这种快乐的权利吗？我于是决定到城隍庙一走，我对理智说，我不预备过新年，我不过要买春联及走马灯而已。一到城隍庙不知怎的，一买走马灯也有了，兔灯也有了，国货玩具也有了，竟然在归途中发现梅花天竹也有了。好了，有就算有。梅花不是天天可以赏的吗？到了家才知道我水仙也有了，是同乡送来的，而碰巧上星期太太买来的一盆兰花也正开了一茎，味极芬芳，但是我还在坚持，我决不过除夕。

"晚上我要出去看电影。"我说。"怎么？"我太太说，"今晚×君要来家里吃饭。"我恍然大悟，才记得有这么一回事。我家有一位新订婚的新娘子，前几天已经当面约好新郎×君礼拜天晚上在家里用便饭。但是我并不准备吃年夜饭。我闻着水仙，由水仙之味，想到走马灯，由走马灯想到吾乡的萝卜果(年糕之类)。

"今年家里没人寄萝卜果来。"我慨叹地说。

"因为厦门没人来，不然他们一定会寄来。"我太太说。

"武昌路广东店不是有吗？三四年前我就买过。"

"不见得吧！"

"一定有。"

"我不相信。"

"我买给你看。"

　　三时半,我已手里提一篓萝卜果乘一路公共汽车回来。四时半肚子饿,炒萝卜果。但我还坚持我不是过除夕。五时半发现五岁的相如穿了一身红衣服。

　　"怎么穿红衣服?"

　　"黄妈给我穿的。"

　　相如的红衣服已经使我的战线动摇了。六时发现火炉上点起一对大红蜡烛,上有金字是"三阳开泰"、"五色文明"。

　　"谁点红烛?"

　　"周妈点的。"

　　"谁买红烛?"

　　"还不是早上先生自己在城隍庙买的吗?"

　　"真有这回事吗?"我问,"真是有鬼!我自己还不知道呢!"

　　我的战线已经动摇三分之二了。那时烛也点了,水仙正香,兔灯、走马灯都点起来,炉火又是融融照人颜色。一时炮声东南西北一齐起,震天响的炮声像向我灵魂深处进攻。我是应该做理智的动物呢,还是应该做近情的人呢?但是此时理智已经薄弱,她的声音是很低微的。这似乎已是所谓"心旌动摇"的时候了。

　　我向来最喜鞭炮,抵抗不过这炮声。

　　"阿经,你拿这一块钱买几门天地炮,余者买鞭炮。要好的,响的。"我赧颜地说。

　　我写不下去了。大约昨晚就是这样过去的。此刻炮声又已四起。由野炮零散的轰声又变成机关枪的袭击声。我向来抵抗不过鞭炮。黄妈也已穿上新衣戴上红花告假出门了。我听见她关门的声音。我写不下去了。我要就此掷笔而起。写一篇绝妙文章而失了人之常情有什么用处?我抵抗不过鞭炮。

说避暑之益

我新近又搬出分租的洋楼而住在人类所应住的房宅了。十月前，当我搬进去住洋楼的分层时，我曾经郑重地宣告，我是生性不喜欢这种分租的洋楼的。那时我说我本性反对住这种楼房，这种楼房是预备给没有小孩而常年住在汽车不住在家里的夫妇住的，而且说，除非现代文明能够给人人一块宅地，让小孩去翻筋斗捉蟋蟀弄得一身肮脏痛快，那种文明不会被我重视。我说明所以搬去那所楼层的缘故，是因那房后面有一片荒园，有横倒的树干，有碧绿的池塘，看出去是枝叶扶疏，林鸟纵横，我的书窗之前，又是夏天绿叶成荫冬天子满枝。在上海找得到这样的野景，不能不说是重大的发见，所以决心租定了。现在我们的房东，已将那块园地围起来，整理起来，那些野树已经栽植得有方圆规矩了，阵伍也渐渐整齐了，而且虽然尚未砌出来星形八角等的花台，料想不久总会来的。所以我又搬出。

现在我是住在一所人类所应住的房宅，如以上所言。宅的左右有的是土，足踏得土，踢踢瓦砾是非常快乐的，我宅中有许多青蛙蟾蜍，洋槐树上的夏蝉整天价地鸣着，而且前晚发见了一条小青蛇，使我猛觉我已成为归去来兮的高士了。我已发见了两种的蜘蛛，还想到城隍庙去买一只龟，放在园里，等着看龟观蟾蜍吃蚊子的神情，倒也十分有趣。我的小孩在这园中，观察物竞天择优胜劣败的至理，总比在学堂念自然教科书，来得亲切而有意味。只可惜尚未找到一只壁虎。壁虎与蜘蛛斗起来真好看啊！……

我还想养只鸽子，让它生鸽蛋给小孩玩。所以目前严重的问题是,有没有壁虎?假定有了,会不会偷鸽蛋?由是我想到避暑的快乐了。人家到那里去避暑的可喜的事,我家里都有了。平常人不大觉悟,避暑消夏旅行最可纪的事,都是那里曾看到一条大蛇,那里曾踏着壁虎蝎子的尾巴。前几年我曾到过莫干山,到现在所记得可乐的事,只是在上山路中看见石龙子的新奇式样,及曾半夜里在床上发现而用阿摩尼亚射杀一只极大的蜘蛛,及某晚上曾由右耳里逐出一只火萤。此外便都忘记了。在消夏的地方,谈天总免不了谈大虫的。你想,在给朋友的信中,你可以说"昨晚归途中,遇见一条大蛇,相觑而过",这是多么称心的乐事。而且在城里接到这封信的人,是怎样的羡慕。假定他还有点人气,阅信之余,必掷信慨然而立曰:"我一定也要去。我非请两星期假不可,不管老板高兴不高兴!"自然,这在于我,现在已不能受诱惑了,因为我家里已有了蛇,这是上海人家里所不大容易发现的。

避暑还有一种好处,就是可以看到一切的亲朋好友。我们想去避暑旅行时,心里总是想着:"现在我要去享一点清福,隔绝尘世,依然故我了。"弦外之音,似乎是说,我们暂时不愿揖客,鞠躬,送往迎来,而想去做自然人。但是不是真正避暑的理由,如果是,就没人去青岛牯岭避暑了。或是果然是,但是因为船上就发现你的好友陈太太,使你不能达到这个目的。你在星期六晚到莫干山,正在黄昏外出散步,忽然背后听见有人喊着:"老王!"你听见这样喊的时候,心中有何感觉,全凭你自己。星期日早,你星期五晚刚见到的隔壁潘太太同她的一家小孩也都来临了。

星期一下午,前街王太太也翩然莅临了。星期二早上,你出去步行,真真出乎意外,发见何先生、何太太也在此地享隔绝尘世的清福。由是你又请大家来打牌,吃冰淇淋,而陈太太说:"这多么好啊!可不是正同在上海一样吗?"换句话说,我们避暑,就如美国人游巴黎,总要在 l'Opera 前面的一家咖啡馆,与同乡互相见面。据说 Montmartre 有一家饭店，美国人游巴黎，非去赐顾不可，因为那里可以吃到真正美国的炸团饼。这一项消息，Anita Loos 女士早已在《碧眼儿日记》郑重载录了。

自然，避暑还有许多益处。比方说，你可以带一架留声机，或者同居的避暑家总会带一架，由是你可以听到年头年底所已听惯的乐调，如《璇宫艳》舞，《丽娃栗姐》之类。还有一样，就是整备行装的快乐高兴。你跑到永安公司，在那里思量打算，游泳衣是淡红的鲜艳，还是浅绿的淡素，而且你如果是卢梭、陶渊明的信徒，还须考虑一下：短统的反翻口袜，固然凉爽，如鱼网大花格的美国"开索"袜，也颇肉感，有寓露于藏之妙，而且巴黎胭脂，也是"可的"的好。因为你不擦胭脂，总觉得不自然，而你到了山中避暑，总要得其自然为妙。第三样，富贾，银行总理，要人也可以借这机会带几本福尔摩斯小说，看点书。在他手不释卷躺藤椅上午睡之时，有朋友叫醒他，他可以一面打哈一面喃喃地说："啊！我正在看一点书。我好久没看过书了。"第四样益处，就是一切家庭秘史，可在夏日黄昏的闲话中流露出来。在城里，这种消息，除非由奶妈传达，你是不容易听到的。你听见维持礼教乐善好施的社会中坚某君有什么外遇，平常化装为小商人，手提广东香肠咕咚咕咚跑入弄堂来找他的相好，或是何老爷的丫头的婴孩相貌，非常像何老爷。如果你为人善谈，在两星期的避暑期间，可以听到许多许多家庭秘史，足做你回城后一年的谈助而有余。由是我们发现避暑最后一样而最大的益处就是——可以做你回城交际谈话上的题目。

要想起来，避暑的益处还有很多。但是以所举各点，已经有替庐山青岛饭店做义务广告的嫌疑了。就此搁笔。

我的戒烟

凡吸烟的人，大部曾在一时糊涂，发过宏愿，立志戒烟，在相当期内与此烟魔决一雌雄，到了十天半个月之后，才自醒悟过来。我有一次也走入歧途，忽然高兴戒烟起来，经过三星期之久，才受良心责备，悔悟前非。我赌咒着，再不颓唐，再不失检，要老老实实做吸烟的信徒，一直到老耄为止。到那时期，也许会听青年会俭德会三姑六婆的妖言，把它戒绝，因为一人到此时候，总是神经薄弱，身不由主，难代负责。但是意志一日存在，是非一日明白时，决不会再受诱惑。因为经过此次的教训，我已十分明白，无端戒烟断绝我们灵魂的清福，这是一件亏负自己而无益于人的不道德行为。据英国生物化学名家夏尔登（Haldane）教授说，吸烟为人类有史以来最有影响于人类生活的四大发明之一。其余三大发明之中，记得有一件是接猴腺青春不老之新术。此是题外不提。

在那三星期中，我如何的昏迷，如何的懦弱，明知于自己的心身有益的一根小小香烟，就没有胆量取来享用，说来真是一段丑史。此时事过境迁，回想起来，倒莫名何以那次昏迷一发发到三星期。若把此三星期中之心理历程细细叙述起来，真是罄竹难书。自然，第一样，这戒烟的念头，根本就有点糊涂。为什么人生世上要戒烟呢？这问题我现在也答不出。但是我们人类的行为，总常是没有理由的，有时故意要做做不该做的事，有时处境太闲，无事可做，故意降大任于己身，苦其筋骨，饿其体肤，空乏其身，把自己的天性拂乱一下，预备做大丈夫吧？除去这个理由，我想不出当日何以想出这种下流的念头。这实有点像陶侃之运甓,或是像现代人的健身运动——文人学者无柴可剖,无水可吸,无车可拉,两手在空中无目的地一上一下,为运动而运动,于社会工业之生产,是毫无贡献的。戒烟戒烟,大概就是贤人君子的健灵运动吧。

自然,头三天,喉咙口里,以至气管上部,似有一种怪难堪似痒非痒的感觉。这倒易办。我吃薄荷糖,喝铁观音,含法国顶上的补喉糖片。三天之内,便完全把那种怪痒克复消灭了。这是戒烟历程上之第一期,是纯粹关于生理上的奋斗,一点也不足为奇。凡以为戒烟之功夫只在这点的人,忘记吸烟魂灵上的事业;此一道理不懂,根本就不配谈吸烟。过了三天,我才进了魂灵战斗之第二期。到此时,我始恍然明白,世上吸烟的人,本有两种,一种只是南郭先生之徒,以吸烟跟人凑热闹而已。这些人之戒烟,是没有第二期的。他们戒烟,毫不费力。据说,他们想不吸就不吸,名之为"坚强的意志"。其实这种人何尝吸烟?一人如能戒一癖好,如卖掉一件旧服,则其本非癖好可知。这种人吸烟,确是一种肢体上的工作,如刷牙,洗脸一类,可以刷,可以不刷,内心上没有需要,魂灵上没有意义。这种人除了洗脸,吃饭,回家抱孩儿以外,心灵上是不会有所要求的,晚上同俭德会女会员的太太们看看《伊索寓言》也就安眠就寝了。辛稼轩之词,王摩诘之诗,贝多芬之乐,王实甫之曲,是与他们无关的。庐山瀑布还不是从上而下的流水而已?试问读稼轩之词,摩诘之诗而不吸烟,可乎?不可乎?

但是在真正懂得吸烟的人,戒烟却有一问题,全非俭德会男女会员所能料到的。于我们这一派真正吸烟之徒,戒烟不到三日,其无意义,与待己之刻薄,就会浮现目前,理智与常识就要问:为什么理由,政治上,社会上,道德上,生理上,或者心理上,一人不可吸烟,而故意要以自己的聪明埋没,违背良心,戕贼天性,使我们不能达到那心旷神怡的境地?谁都知道,作文者必精力美满,意到神飞,胸襟豁达,锋发韵流,方有好文出现,读书亦必能会神会意,胸中了无窒碍,神游其间,方算是读。此种心境，不吸烟岂可办到？在这兴会之时，我们觉得伸手拿一支烟乃唯一合理的行为；若是把一块牛皮糖塞入口里，反为俗不可耐之勾当。我姑举一两件事为证。

我的朋友 B 君由北京来沪。我们不见面，已有三年了。在北平时，我们是晨昏时常过从的，夜间尤其是吸烟瞎谈文学、哲学、现代美术以及如何改造人间宇宙的种种问题。现在他来了，我们正在家里炉旁叙旧。所谈的无非是在平旧友的近况及世态的炎凉。每到妙处，我总是心里想伸一只手去取一支香烟，但是表面上却只有立起而又坐下，或者换换坐势。B 君却自自然然地一口一口地吞云吐雾，似有不胜其乐之概。我已告诉他，我戒烟了，所以也不好意思当场破戒。话虽如此，心坎里只觉得不快，怅然若有所失，我的神志是非常清楚的。每回 B 君高谈阔论之下，我都能答一个"是"字，而实际上却恨不能同他一样的兴奋倾心而谈。这样畸形地谈了一两小时，我始终不肯破戒，我的朋友就告别了。论"坚强的意志"与"毅力"我是凯旋胜利者，但是心坎里却只觉得快快不乐。过了几天，B 君途中来信，说我近来不同了，没有以前的兴奋，爽快，谈吐也大不如前了，他说或者是上海的空气太恶浊所致。到现在，我还是怨悔那夜不曾吸烟。

又有一夜，我们在开会，这会按例每星期一次。到时聚餐之后，有人读论文，作为讨论，通常总是一种吸烟大会。这回轮着 C 君读论文。题目叫做《宗教与革命》，文中不少诙谐语。在这种扯谈之时，室内的烟气一层一层地浓厚起来，正是暗香浮动奇思涌发之时。诗人 H 君坐在中间，斜躺椅上，正在学放烟圈，一圈一圈地往上放出，大概诗意也跟着一层一层上升，其态度之自若，若有不足为外人道者。只有我一人不吸烟，觉得如独居化外，被放三危。这时戒烟越看越无意义了。我恍然觉悟，我太昏迷了。我追想搜索当初何以立志戒烟的理由，总搜寻不出一条理由来。

此后，我的良心便时起不安。因为我想，思想之贵在乎兴会之神感，但不吸烟之魂灵将何以兴感起来？有一下午，我去访一位洋女士。女士坐在桌旁，一手吸烟，一手靠在膝上，身微向外，颇有神致。我觉得醒悟之时到了。她拿烟盒请我。我慢慢地，镇静地，从烟盒中取出一支来，知道从此一举，我又得道了。我回来，即刻叫茶房去买一包白锡包。在我书桌的右端有一焦迹，是我放烟的地方。因为吸烟很少停止，所以我在旁刻一铭曰"惜阴池"。我本来打算要七八年，才能将这二英寸厚的桌面烧透。而在立志戒烟之时，惋惜这"惜阴池"深只有半生丁米突而已。所以这回重复安放香烟时，心上非常快活。因为虽然尚有远大的前途，却可以日日进行不懈。后来因搬屋，书房小，书桌只好卖出，"惜阴池"遂不见。此为余生平第一恨事。

论伟大

大自然本身始终是一间疗养院。它如果不能治愈别的疾病，至少能够治愈人类的狂妄自大的病。大自然不得不使人类意识到他自己的分位；在大自然的背景里，人类往往可以意识到他自己的分位。中国绘画在山水画中总是把人画得那么小，原因便在于此。在一幅名叫"雪后看山"的中国山水画中，要找到那个雪后看山的人是很难的。在细寻一番之后，你发见他坐在一棵松树下——在一幅高十五英寸的画里，他那蹲坐的身体只有一英寸高，而且是以几下画笔迅速画成功的。又在一幅宋代的绘画，画中是四个学者装束的人在一个秋天的树林里漫游着，仰首在眺望上头那些枝丫交错的雄伟的树木。一个人有时觉得自己渺小，那是很好的。有一次，我在牯岭避暑，躺卧在山顶上，那时我开始看见两个跟蚂蚁一样大的小动物在一百英里外的南京,为了要服务中国而互相怨恨,钩心斗角;这种事情看来真有点滑稽。所以,中国人认为到山中去旅行一次,可以有清心寡欲的功效,使人除掉许多愚蠢的野心和不必要的烦恼。

人类往往忘记自己是多么渺小,而且常常是多么无用的。一个人看见一座百层高的大楼时,常常夜郎自大;医治这种夜郎自大的心理的最好办法,就是把他想象中的摩天楼搬移到一个小山边去,使他更确切地知道什么可以叫做"伟大",什么没有资格叫做"伟大"。我们喜欢海的无涯,我们喜欢山的伟大。黄山上有一些山峰是由整块的花岗石造成的,由看得见的基础到峰尖共有一千英尺高,而且有半英里长。这些东西鼓动了中国艺术家的灵感;这些山峰的静默、伟大和永久性,可说是中国人喜欢画中的石头的原因。一个人未旅行过黄山之前,是不易相信世间有这么伟大的石头的;十七世纪有一些黄山派的画家,从这些静默的花岗石山峰得到了他们的灵感。

在另一方面,一个人如果和自然界伟大的东西发生联系,他的心会真正变得伟大起来。我们可以把一片风景看做一幅活动的图画,而对于不像活动的图画那么伟大的东西不能感到满足;我们可以把地平线上的热带的云看做一个舞台的背景,而对于不像舞台的背景那么伟大的东西不能感到满足;我们可以把山林看做私人花园,而对于不成为私人花园的东西不能感到满足;我们可以把怒吼的波涛当做音乐会,而对于不成为音乐会的东西不能感到满足;我们可以把山上的微风看做冷气设备,而对于不成为冷气设备的东西不能感到满足。这样我们便变得伟大起来,像大地和穹苍那么伟大。正如中国一位最早期的浪漫主义者阮籍(公元 210–263)所描写的"大人先生"一样,我们以"天地为所"。

我一生所看见的最美妙的"奇观",是一晚在印度洋上出现的。那真伟大。那舞台有一百英里阔,三英里高,在这舞台上,大自然上演了一出长半小时的戏剧,有时是庞大的龙,恐龙和狮子,在天空移动着——狮头胀大起来,狮鬣伸展开去,龙背弯着,扭动着,卷曲着!——有时是一队队的穿白色制服的兵士,穿灰色制服的兵士,和佩着金黄色的肩章的军官,踏步前进,发生战斗,最后又退却了,那些穿白色制服的兵士突然换上了橙黄色的制服,那些穿灰色制服的兵士似乎换上了紫色制服,而背景却满布着火焰般的金黄色。后来当大自然的舞台技师把灯光渐渐弄暗时,那紫色军把那橙黄色军克服了,吞没了,变成更深的红紫色和灰色,在最后五分钟里表现着一片不可言状的悲剧和黑暗的灾难的奇观,然后所有的光线才消灭了去。我观看这出一生所看见的最伟大的戏剧,并没有花费一个铜板。

此外还有静默的山,那种静默是有治病的功效的——那些静默的山峰,静默的石头,静默的树木,一切是静默而且雄伟的。每座作围绕之状的佳山都是疗养院。一个人象婴孩那样地偎依在它的怀中时,是觉得很舒服的。我不相信基督教科学,可是我却相信那些伟大的老树和山中胜地的精神治疗力量,这些东西不是要治疗一根折断了的肩骨或一块受伤染病的皮肤,而是要治疗肉体上的野心和灵魂上的疾病——盗窃病,狂妄自大病,自我中心病,精神上的口臭病,债券病,证券病,"统治他人"的病,战争神经病,忌诗神经病,挟嫌,怨恨,社交上的展览欲,一般的糊涂,以及各式各样道德上的不调和。

两位中国女人

　　大自然的享受是一种艺术，与一个人的心境和个性极有关系，同时，和一切的艺术一样，其技巧是很难说明的。一切必须自然而然发生出来，由一种艺术的脾性中自然而然发生出来。所以，对于这棵树或那棵树的享受，对于这块石头或那块石头的享受，或在某种时刻对于这片风景或那片风景的享受，要定下一些条规是很困难的，因为世间没有绝对相同的景物。一个人如果能够了解，便会知道怎样享受大自然的景物，无须人家告诉他。霭理期(Havelock Ellis)和范德未特(Vander Velde)说，讲到丈夫和妻子在他们私人的卧室里的恋爱艺术，什么可以做，什么不可以做，或什么是风雅的，什么是粗鄙的，是不能以条规去限定的：这种话是很明智的。享受大自然的艺术也是如此。最好的办法也许是研究那些具有艺术脾性的人物的生活。对于大自然的感觉，一个人对于一年前所看见的一片美景所做的梦，以及一个人突然想游历某一地方的愿望——这些东西是在最意料不到的时刻涌现的。一个具有艺术脾性的人，无论到什么地方都会表现这种脾性，那些由大自然的享受获得真正乐趣的作家，往往会全身贯注地描写一片美丽的雪景或一个春夜的情景，而完全忘掉故事或布局。新闻家和政治家的自传常常充满着过去事迹的回忆，而文人的自传则应该用大部分的篇幅去追忆一个欢乐之夜或与友人同游某山谷的情景。由这种意义上说来，我觉得祁卜林和吉斯透顿的自传很使人失望。他们一生中的重要逸事为什么看做那么不重要，而不重要的逸事却又看做那么重要呢？人，人，到底是人，而完全没有提到花鸟和山川！

人生不过如此

　　中国文人的回忆录以及书信在这方面是两样的。重要的事情是
在一封给友人的信中，谈到在湖上度过一夜的情形，或在自传里描写
一个欢乐无比的日子，以及度过这么一天的情景。中国作家，至少一部
分作家，尤其喜欢在文字中回忆他们的婚姻生活。关于这种著作，冒辟
疆的《影梅庵忆语》，沈三白的《浮生六记》和蒋坦的《秋镫琐忆》是最佳
的例子。前二书是两个男人在他们的妻死后写的，而后一书则是一个
年老的作家在他的妻还活着的时候写的。(此外还有一些别的著作。例
如，李笠翁也写过两篇关于他的两妾的文章，这两妾都善唱歌，是他亲
自训练起来的。)我们现在要先由《秋镫琐忆》(主人公是作者之妻秋
芙)中摘录几段出来，然后由《浮生六记》(主人公是芸)中摘录几段。这
两个女人都具有适当的脾性，虽则她们并不是特别受过高深教育的
人，也不是优秀的诗人。这没有关系。没有一个人应该以写不朽的诗歌
为目的；一个人学会写诗，其目的应该仅在描写一个有意义的时刻，描
写一种私人的心情，或增加享受大自然的乐趣。

(甲)秋芙

　　秋芙每谓余云："人生百年，梦寐居半，愁病居半，襁褓垂老之日
又居半，所仅存者十一二耳。况我辈蒲柳之质，犹未必百年者乎。"

　　秋月正佳，秋芙命雏鬟负琴，放舟两湖荷艿之间。时余自西溪归，
及门，秋芙先出，因买"瓜皮"迹之。相遇于苏堤第二桥下，秋芙方鼓琴
作《汉宫秋怨》曲。余为披襟而听。斯时四山沉烟，星月在水，铮鏦杂鸣，
不知天风声环珮声也。琴声未终，船已移近漪园南岸矣。因叩白云庵
门，庵尼故相识也。坐次，采池中新莲，制羹以进。色香清冽，足沁肠腑，
其视世味腥膻，何止薰莸之别。回船至段家桥，登岸，施行簟于地，坐话
良久。闻城中尘嚣声，如蝇营营，殊聒人耳。……其时星斗渐稀，湖气横
白。听城头更鼓，已沉沉第四通矣，遂携琴划船而去。

秋芙所种芭蕉,已叶大成荫,荫蔽帘幕;秋来风雨滴沥,枕上闻之,心与俱碎。一日,余戏题断句叶上云:

是谁多事种芭蕉?

早也潇潇!

晚也潇潇!

明日见叶上续书数行云:

是君心绪太无聊!

种了芭蕉,

又怨芭蕉!

字画柔媚,此秋芙戏笔也。然余于此,悟人正复不浅。

夜来闻风雨声,枕簟渐有凉意。秋芙方卸晚妆,余坐案旁,制《百花图记》未半。闻黄叶数声,吹堕窗下,秋芙顾镜吟曰:

昨日胜今日,

今年老去年。

余怃然云:"生年不满百,安能为他人拭涕?"辄为掷笔。夜深,秋芙思饮,瓦铫温暾,已无余火,欲呼小环,皆蒙头户间,写趾离召去久矣。余分案上灯置茶灶间,温莲子汤一瓯饮之,秋芙肺病十年,深秋咳嗽,必高枕始得熟睡。今年体力较强,拥髻相对,常至夜分,殆眠餐调摄之功欤。

余为秋芙制梅花画衣,香雪满身,望之如绿萼仙人,翩然尘世。每当春暮,翠袖凭栏,襞边蝴蝶,独栩栩然不知东风之既去也。

去年燕来较迟,帘外桃花,已零落殆半。夜深巢泥忽倾,堕雏于地。秋芙惧为狗儿所攫,急收取之,且为钉竹片于梁,以承其巢。今年燕子复来,故巢犹在,绕屋呢喃。殆犹忆去年护雏人耶?

秋芙好棋,而不甚精。每夕必强余手谈,或至达旦,余戏举竹坨词云:"籤钱斗草已都输,问持底今宵偿我?"秋芙故饰词云:"君以我不能胜耶？请以所佩玉虎为赌。"

下数十子，棋局渐输，秋芙纵膝上狗儿，搅乱棋势。余笑云："子以玉奴自况欤？"秋芙嘿然，而银烛荧荧，已照见桃花上颊矣。自此更不复棋。

虎跑泉上有木樨数株，偃伏石上。花时黄雪满阶，如游天香国中，足怡鼻观。余负花癖，与秋芙常煮茗其下。秋芙拗花簪鬓，额上发为树枝捎乱，余为醮泉水掠之。临去折花数枝，插车背上，携入城阙，欲人知新秋消息也。

（乙）芸

《浮生六记》一书是一个中国无名画家关于他和他的妻芸所过的婚姻生活的回忆录。他们俩都是朴实而有艺术趣味的人，企图尽情享受每一个获得的欢乐时刻；这人故事是用很率真很自然的态度叙述出来的。不知怎样，我觉得芸是中国文学上最可爱的女人。他们所过的是一种悲惨的生活，然而也是最快乐的生活，那种快乐是由灵魂里产生出来的。我们试看大自然的享受怎样成为他们的精神生活的主要部分：这一点是很有趣的。我们现在由此书中摘录三段，描写他们怎样度过七夕及七月十五日这两个节日，以及他们在苏州城内怎样度过一个夏冬：

是年七夕，芸设香烛瓜果，同拜天地于我取轩中。余镌"愿生生世世为夫妇"图章二方；余执朱文，芸执白文，以为往来书信之用。是夜月色颇佳，俯视河中，波光如练，轻罗小扇，并坐水窗，仰见飞云过天，变态万状。芸曰："宇宙之大，同此一月，不知今日世间亦有如我两人之情兴否？"余曰："纳凉玩月，到处有之；若品论云霞，或求之幽闺绣阁，慧心默证者固亦不少；若夫妇同观，所品论者恐不在此云霞耳。"未几烛

林语堂文集

烬月沉,撤果归卧。

七月望,俗谓之鬼节。芸备小酌,拟邀月畅欢,夜忽阴云如晦。芸
愀然曰:"妾能与君白头偕老,月轮当出。"余亦索然。但见隔岸萤光明
灭万点,梳织于柳堤蓼渚间,余与芸联句以遣闷怀,而两韵之后逾联逾
纵,想入非夷,随口乱道。芸已漱涎涕泪,笑倒余怀,不能成声矣。觉其
鬓边茉莉浓香扑鼻,因拍其背以他词解之曰:"想古人以茉莉形色如
珠,故供助妆压鬓,不知此花必沾油头粉面之气,其香更可爱,所供佛
手当退三舍矣。"芸乃止笑曰:"佛手乃香中君子,只在有意无意间,茉
莉是香中小人,故须借人之势,其香也如胁肩谄笑。"余曰:"卿何远君
子而近小人?"芸曰:"我笑君子爱小人耳。"正话间,漏已三滴,渐见风
扫云开,一轮涌出,乃大喜。倚窗对酌,酒未三杯,忽闻桥下哄然一声,
如有人堕。就窗细瞩,波明如镜,不见一物,唯闻河滩有只鸭急奔声。余
知沧浪亭畔素有溺鬼,恐芸胆怯,未敢即言。芸曰:"噫!此声也,胡为乎
来哉?"不禁毛骨皆悚,急闭窗,携酒归房,一灯如豆,罗帐低垂,弓影杯
蛇,惊神未定。剔灯入帐,芸已寒热大作,余亦继之,困顿两旬。真所谓
乐极灾生,亦是白头不终之兆。

书中简直到处都是这么美丽动人的文字,表现着一种对大自然
的无限爱好。读者由下面一段描写他们怎样度过一个夏季的文章可见
一斑:

迁仓米巷,余颜其卧楼曰宾香阁,盖以芸名而取如宾意也。院窄
墙高,一无可取。后有厢楼,通藏书处,开窗对陆氏废园,但见荒凉之
象。沧浪风景,时切芸怀。

有老妪居金母桥之东,埂巷之北。绕屋皆菜圃,编篱为门。门外有
池约亩许,花光树影错杂篱边。……屋西数武,瓦砾堆成土山,登其巅

104

可远眺,地旷人稀,颇饶野趣。妪偶言及,芸神往不置,……越日至其地,屋仅二间,前后隔而为四,纸窗竹榻,颇有幽趣。……

邻仅老夫妇二人,灌园为业,知余夫妇避暑于此,先来通殷勤,并钓池鱼,摘园蔬为馈。偿其价,不受,芸作鞋报之,始谢而受。时方七月,绿树荫浓,水面风来,蝉鸣聒耳。邻老又为制鱼竿,与芸垂钓于柳荫深处。日落时,登土山,观晚霞夕照,随意联吟,有"兽云吞落日,弓月弹流星"之句。少焉月印池中,虫声四起,设竹榻于篱下。老妪报酒温饭熟,遂就月光对酌,微醺而饭。浴罢则凉鞋蕉扇,或坐或卧,听邻老谈因果报应事。

三鼓归家,周体清凉,几不知身居城市矣。

篱边倩邻老购菊,遍植之。九月花开,又与芸居十日。吾母亦欣然来观,持螯对菊,赏玩竟日。芸喜曰:

"他年当与君卜筑于此,买绕屋菜园十亩,课仆妪植瓜蔬,以供薪水。君画我绣,以为诗酒之需。布衣菜饭可乐终身,不必作远游计也。"余深然之。今即得有境地,而知己沦亡,可胜浩叹!

论树与石

我不知道我们现在又要做什么事情了。我们把房屋造成四方形的,造成一列一列的;我们建筑一些没有树木的直路。再也没有弯曲的街道了,再也没有古旧的房屋了,花园中再也没有井了,城市里如果有私人花园的话,常常好像是一幅讽刺画。我们把大自然完全排除在我们的生活之外了,我们居住在没有屋顶的房屋,屋顶是一座建筑物中被忽略的部分;当实利的目的已经达到的时候,当建筑师有点疲倦,想快点结束工作的时候,屋顶成个什么样子,便没有人去管了。一般的房屋看起来好像是一个乖张的、易变的孩子所造的四方木头,这个孩子还没有把木头造好时,对这种工作已经感到厌倦,终于把没有造好的木头弃置在一边了。大自然的精神已经离开了现代的文明人;在我看来,我们正在企图使树木本身也开化了。如果我们记得把树木种在大街两旁,我们常常用数字把它们编列号码,把它们消毒,把它们修割剪裁,使它们成为我们人类认为美丽的形状。

我们常常把花儿种在一块土地上,使它们看来好像是一个圆圈,一颗星,或几个英文字母。当我们看见这样种起来的花儿生长到旁边去时,我们惶骇了,像看见一个美国西点军官学校的学生走出队伍外时那样的惶骇,我们开始拿剪刀去剪裁它们了。在凡尔赛,我们把这些剪成圆锥形的树木一对一对很整齐地种成一个圆圈,或种成直行,像一排排的军队那样。这就是人类的光荣和力量,这就是我们训练树木的能力,像我们训练穿制服的兵士那样。如果一对树木中有一棵长得比另一棵更高,那么,我们的手便痒起来,把树顶剪平,使它不至破坏我们的均称的感觉,不至破坏人类的力量和光荣。

所以,我们有一个重大的问题,就是恢复了大自然,把大自然带回家庭里来。这是一个棘手的难题。当一个人居住在公寓里,离开了土地的时候,最优越的艺术脾性又有什么用处呢?纵使他有钱租得起摩天楼上的厢房,他怎么能够得到一片草地,一口井,或一个竹丛呢?什么都错了,绝对地,无可挽回地错了。除了高大的摩天楼和夜间的一列有灯光的窗户之外,一个人还有什么可以欢赏的呢?一个人看见这些摩天楼和夜间的一列有灯光的窗户时,对于人类文明的力量越发感到骄傲而自负,而忘记人类是多么孱弱而渺小的动物。

所以,我只好放弃这个问题,认为无解决之望了。

所以,我们第一步必须给人类很多的土地。不管借口多么有道理,文明如果使人类失掉了土地,便是一种不好的文明,假使在未来的文明中,每个人都能够拥有一英亩的土地,那么,他便有一点东西可以开始发展了。他可以有树木,他自己的树木,他可以有石头,他自己的石头。他会小心谨慎地选择一块已有长成的树木的土地;如果那边还没有长成的树木,他会种植一些可以长得很快的树木,如竹和柳之类。这么一来,他可就不必再把鸟儿关在笼里了,因为鸟儿会飞来找他;他也曾想法子使附近的地方有些青娃,如果同时也有一些蜥蜴和蜘蛛,那就更好了。他的孩子便可以在大自然的环境中研究自然的现象,而不必在玻璃匣中研究自然的现象了。至少他孩子可以看得见小鸡怎样由卵中孵出来,他们对于性和生殖的问题,也不必像"优秀"的波斯顿家庭(Good-Boston Families)的孩子那样的丝毫不懂。同时,他们将有欣赏蜥蜴和蜘蛛打架的乐趣。他们也将有把身体弄得相当肮脏的乐趣。

关于中国人对石头的感情,我在前一节里已经说明过,或已经暗示过。这个说明可以使我们了解中国风景画家为什么那么喜欢多石的山峰。这个说明是根本的说明,所以还不能充分解释中国人的石花园和一般人对石头的爱好。根本的观念是:石头是伟大的,坚固的,而且具有永久性。它们是静默的,不可移动的,而且像大英雄那样,具有性格上的力量;它们像隐居的学者那样,是独立的,出尘超俗的。它们总是古老的,而中国人是爱好任何古老的东西的。不但如此,由艺术的观点上说起来,它们是宏伟的,庄严峥嵘的,古雅的。此外更使人有"危"的感觉。一个三百尺高直耸云霄的悬崖,看起来始终是有魔力的,因为它使人有"危"的感觉。

可是我们必须进一步想。一个人既然不能天天去游山,必然须把石头带到家里来。讲到石花园和假石洞(这是在中国游览的西洋人士很难了解和欣赏的东西),中国人的观念还是在保存多石的山峰的峥嶙的形状,"危"崖和雄伟的线条。西洋的游历者并没有可以责难的地方,因为假山多数造得趣味很低,不能表现大自然的庄严和宏伟。几块石头造成的假石洞,常常是用水泥去粘接的,而水泥却看得出来。一座真正艺术化的假山,其结构和对比的特点应该和一帧画一样。假山景的欣赏和风景画中的山石的欣赏,在艺术上无疑的有很密切的关系,例如宋代画家米芾曾写过一部关于石砚的书,宋代作家杜绾写过一部《石谱》,列举百余种各地所产的可造假山的石头,并详述其性质。可见在宋朝大画家的时代,造假山已经是一种极发达的艺术。

中国人除了欣赏山峰石头的雄伟之外,对于花园里的石头也产生了一种欣赏的趣味,其所注重的是石头的色泽、构造、表面和纹理,有时也注重石头被敲击时所发出的声响。石头越小,对于其构造的质素和纹理的色泽也越加注重。收藏最好的砚石和印石(这两样东西是中国文人每天接触到的)的好癖,对于这方面的发展也大有帮助。所以雅致、构造、半透明和色泽变成最重要的质素;关于后来盛行的石鼻烟壶,玉鼻烟壶和硬玉鼻烟壶,情形也是如此。一颗精致的石印或一只精致的鼻烟壶有时值六七百块钱。

然而,我们如果想彻底了解石头在房屋中和花园中的一切用途,必须回头去研究中国的书法。因为书法不外是对于抽象的韵律、线条和结构的一种研究。真正精致的石头虽则应该暗示雄伟或出尘超俗的感觉,然而线条正确倒是更重要之一点。所谓线条,并不是指一条直线,一个圆圈或一个三角形,而是大自然的嶙峋的线条。老子在他的《道德经》里始终看重不雕琢的石头,让我们不要干犯大自然吧,因为最优越的艺术品,和最美妙的诗歌或文学作品一样,是那样完全看不出造作的痕迹的作品,跟行云流水那么自然,或如中国的文艺批评家所说的那样,"无斧凿痕"。这种原则可以应用于各种的艺术。艺术家所欣赏的是不规则的美,是暗示着韵律、动作和姿态的线条的美。艺术家对于盘曲的橡树根(富翁的书室里有时用之以为坐凳)的欣赏,也是根据这个观念。因此,中国花园里的假山多数是未加琢磨的石头,也许是化了石的树皮,十尺或十五尺高,像一个伟人孤零零地直立着,屹然不动,或是由山湖沼和山洞得来的石头。上有窟窿,轮廓极为奇突。一位作家说:如果那些窟窿碰巧是非常圆的,那么,我们应该把一些小圆石塞进去,以破坏那些圆圈的有规则的线条。上海和苏州附近的假山多数是用太湖的石头来建筑的,石上有着从前给海浪冲击过的痕迹。这种石头是由湖底掘出来的;有时如果它们的线条有改正的必要,那么,人们就会把它们琢磨一下,使它们十全十美,然后再放进水里浸一年多,让那些斧凿的痕迹给水流的波动洗掉。

人类对于树木的感觉比较容易了解,而且这种感觉当然是很普遍的。房屋的四周如果没有树木,看来便很裸露,像男人和女人没有穿衣服一样。树木和房屋的分别就是:房屋是人类建筑的,而树木是生长起来的;而生长起来的东西总是比建筑起来的东西更为美观。我们为了实际上的便利,不得不把墙壁造直,把楼层造平,虽则在地板方面,我们为什么不使屋中各个房间的地板有不同的高度呢?这是很没有理由的。虽然如此,我们有一种不可避免的倾向,就是喜欢直线和四方形;这些直线和四方形只有在树木的陪衬下,才能够显出它们的美点。在颜色方面,我们也不敢把房屋漆成绿色。可是大自然却敢把树木漆成绿色。

我们可以在隐藏的技巧中看出艺术的智慧米。我们多么喜欢夸示啊。在这方面,我须向清朝一位大学者阮元致敬。当他做道台的时候,他在西湖上建筑一个小岛屿(今日称为阮公屿),而不愿使岛屿上有什么人造的东西,不要亭子,不要柱石,甚至连纪念碑也不要。他们把自己的建筑家的名誉完全抹煞。阮公屿今日屹立于湖的中央,一片一百多码阔的平地,比水面高不到一尺,岛屿上四周满种着柳树。今日当你在多雾的天气中眺望时,你会看见那个奇幻的岛屿好像是由水中浮起来似的,柳树的影儿反映于水中,打破湖面的单调,同时又与湖面调和。因此,阮公屿是与大自然调和的。它不像隔邻那座灯塔形的纪念物那么碍目;那座灯塔形的纪念物是一位美国留学生造的,我每次看见它就觉得眼睛不舒服。我已经宣告天下,如果我有一天做起土匪将军,攻陷杭州,我的第一道命令,一定是叫部下架起一尊大炮,把那座灯塔轰得粉碎。

在种类繁多的树木中,中国的批评家和诗人觉得有几种树木因为有特别的线条和轮廓,在书法家的眼光下是有艺术之美的,所以特别适于作艺术的欣赏的对象。一切树木都是美的,然而某些树木却具有一种特殊的姿态、力量或雅致。因此,人们在许多树木之间,选出这些树木,而使它们和某些情感发生联系。普通的橄榄树没有松树那种峥嵘的样子,某些柳树虽很文雅,却不能说是"庄严"或"有感应力":这是很明显的。所以,世间有少数的树木比较常常成为绘画和诗歌的题材。在这些树木中,最杰出的是松树(以其雄伟的姿态得人们的欣赏),梅树(以其浪漫的姿态得人们的欣赏),竹树(以其线条的纤细和引动人们的联想,而得人们的欣赏),以及柳树(以其文雅及象征纤细的女人,而得人们的欣赏)。

人们对于松树的欣赏也许是最显著的,而且是最有诗意的。松树比其他的树木更能表现出清高的性格。因为树木有高尚的,也有卑鄙的,有些树木以姿态的雄伟而出类拔萃起来,而有些树木则表现着平庸的样子。所以中国的艺术家讲到松树的雄伟时,正如阿诺特(Matthew Arnold)讲到荷马(Homeros)的雄伟一样。要在柳树的身上找到这种雄伟的姿态,有如在诗人史文朋(Swinburne)的身上找到雄伟的姿态一样的徒劳无功。世间有各式各样的美,温柔的美,文雅的美,雄壮的美,庄严的美,奇怪的美,峥嵘的美,纯然的力量的美,以及古色古香的美。松树因为具有这种古色古香之美,所以在树木中占据着一个特殊的地位,有如一个态度悠逸的退隐的学士,穿着一件宽大的外衣,拿着一根竹杖在山中的小道上走着,而被人们视为最崇高的理想那样。为了这个原因,李笠翁说:一个人坐在一个满是桃花和柳树的花园里,而近旁没有一棵松树,有如坐在一些小孩和女人之间,而没有一位可敬的庄严的老人一样。同时中国人在欣赏松树的时候,总要选择古老的松树;越古越好,因为越古老是越雄伟的。柏树和松树姿态相同,尤其是那种卷柏,树枝向下生着,盘曲而峥嵘。向天伸展的树枝似乎是象征着青春和希望,向下伸展的树枝则似乎是象征着俯视青春的老人。

我说松树的欣赏在艺术上是最有意义的,因为松树代表沉默、雄伟和超尘脱俗,跟隐士的态度十分相同。这种欣赏又和"顽"石与在树荫下闲荡着的老人的形状发生关系,这是中国绘画中常常可以看见的。当一个人站在松树下仰望它时,他感到松树的雄伟,年老和一种独立的奇怪的快乐。老子曰:"天无语。"古松也是无语的。它静默的、恬然自得地站在那里;它俯视着我们,觉得它已经看见许许多多的小孩子长成了,也看见许许多多的壮年人变成老年人。它跟有智慧的老人一样,是理解万物的,可是它不言,它的神秘和伟大就在这里。

梅树一部分由其枝丫的浪漫姿态,一部分由其花朵的芬芳而受人们的欣赏。有一点值得注意,就是在我们所欣赏的众树之中,松、竹和梅是和严冬有关系的,我们称之为"岁寒三友",因为松和竹都是常青树,而梅树又在残冬和初春开花。所以,梅树特别象征着清洁的性格,那种清爽的、寒冷的冬天空气所具有的清洁。它的光辉是一种寒冷的光辉,同时,它和隐居者一样,在越寒冷的空气中,它便越加茂盛。它和兰花一样,象征着隐逸的美。宋朝一位诗人和隐士林和靖说:他是以梅为妻,以鹤为子的。他在西湖的隐居之地孤山,今日常常有诗人和学士的游迹,而在他的墓下便是他的"儿子"鹤的墓。讲到人们对于梅树的芬芳和轮廓的欣赏,这位诗人在下述这句名诗里表现得最为恰切:

> 疏影横斜水清浅,
> 暗香浮动月黄昏。

　　一切诗人都承认这两句最能够表现出梅树的美,要找到更切当的表现法是不可能的。

　　竹因其树身和叶的纤细而受人们的爱好,因为它比别的树木更纤细,所以文人学士把它种在家宅里来欣赏。它的美比较是一种微笑的美,它给予我们的快乐是温和的,有节制的。种得很疏的细竹欣赏起来最有意思,因此无论在现实生活上或绘画上,两三株竹跟一个竹丛一样的可爱。人们能够欣赏竹树的纤细的轮廓,所以在绘画里也可以画上两三枝竹,或一枝梅花。竹树的纤细的线条与石头的嶙峋的线条很是调和,所以我们往往看见画家把一两块石头和几枝竹画在一处。

　　这种石头在绘画中是有纤细之美的。

　　柳树随便种在什么地方,都很容易生长起来,它常常是长在水岸边的。它是最美妙的女性的树。为了这个缘故,张潮认为柳树是宇宙间感人最深的四物之一,他也说柳树会使一个人多情起来。人们称中国女人的细腰为"柳腰";中国的舞女穿着长袖子的长旗袍,是想模仿柳枝在风中摇曳的姿态的。柳最容易种植,所以在中国,有些地方满植着柳树,蔓延数英里之远;风吹过的时候,造成一片"柳浪"。不但如此,金莺喜欢栖息在柳枝上,因此无论在现实生活上或绘画上,柳树和金莺常常是在一起的。在西湖的十景之中,有一景叫做"柳浪闻莺"。

　　此外当然还有别种的树木,其中有一些是为了其他的原因而受人们赞颂的。例如,梧桐因为树皮洁净,人们可以用刀在其树身上铭刻

诗句,所以甚受赞颂。人们对那些伟大的古藤,那些盘绕着古树或石头
的古藤,也是极为爱好的。它们那种盘绕和波动的线条,和树木挺直的
树身形成了有趣的对比。有些非常美丽的古藤,看来真像卧龙,便有人
称之为"卧龙"。树身弯曲或倾斜的古树也为了这缘故大受人们的爱好
看重。在苏州附近的太湖上的木渎地方,有这种柏树四棵,其名称是
"洁"、"罕"、"古"、"怪"。"洁"有一个又长又直的树身,上头满生枝叶,
看起来好像是一把大伞;"罕"蹲在地上,树身蜿蜒盘曲,其形状有如英
文字母 Z 字;"古"的树顶光秃无物,树身肥大而矮短,散漫的枝丫已干
枯了一半,其形状有如人类的手指;"怪"的树身盘曲,像螺旋那样地一
直旋到最高的树枝。

　　除此之外,人们不但欣赏树木的本身,而且也将树木和大自然其
他的东西,如石、云、鸟、虫及人发生联系。张潮说:"蓺花可以邀蝶,垒
石可以邀云,栽松可以邀风……种蕉可以邀雨,植柳可以邀蝉。"人们
同时在欣赏树木和鸟声,同时在欣赏石头和蟋蟀,因为鸟儿是在树木
上唱歌,而蟋蟀是在石头间唱歌的。中国人在欣赏青蛙的咯咯声,蟋蟀
的唧唧声和蝉的鸣声的时候,其乐趣是比他们对猫狗及其他家畜之爱
更大的。在一切动物之中,只有鹤与松树和梅树同属一个系统,因为它
也是隐士的象征。当一个学者看见一头鹤或甚至一头苍鹭,既庄严又
纯洁地静立在隐僻的池塘时,他真希望他自己也会化成一头鹤呢。

　　那个与大自然协调的人是快乐的,因为动物是快乐的。这种观念
在郑板桥(1693-1765 年)寄他的弟弟的信里表现得最为恰切;他在信
里不赞成人们把鸟儿关在笼子里:

　　所云不得笼中养鸟,而予又未尝不爱鸟,但养之有道耳。欲养鸟,
莫如多种树,使绕屋数百株,扶疏茂密,为鸟国鸟家。将旦时睡梦初醒,
尚展转在被,听一片啁啾,如云门咸池之奏。及披衣而起,洗面漱口啜

茗,见其扬鬐振彩,倏往倏来,目不暇给,固非一笯一羽之乐而已。大率平生乐处,欲以天地为圃,江汉为池,各适其天,斯为大快! 比之盆鱼笼鸟,其钜细仁忍何如也!

论花与花的布置

花的享受和花的布置似乎是和机缘有点关系的。花的享受和树的享受一样,第一步必须选择某些高贵的花,以它们的地位为标准,同时以某种花与某种情调和环境发生联系。第一是香味,由茉莉那种强烈而显著的香味到紫丁香那种温和的香味,最后到中国兰花那种洁净而微妙的香味。香味越微妙,越不易辨别出来是什么花,便越加高贵。此外又有色泽,外观和吸引力的问题,这也有很大的差异。有的像肥美的少女,有的像纤瘦的、有诗意的、恬静的贵妇。有的似乎是用它们的妩媚去引诱人们,有的则在它们自己的芬芳中感到快乐,似乎以在闲静中过日子为满足。有的颜色鲜艳夺目,有的则表现着比较柔和的色泽。不但如此,花和周遭的环境及开花的季节更有着密切的联系。在我们的心目中,玫瑰花自然而然和晴朗的春日发生关系;莲花自然而然和池塘边的凉爽的夏之晨发生关系;木樨自然而然和收获时的月亮与中秋节发生关系;菊花和残秋吃蟹的习俗发生关系;梅花自然而然和白雪发生关系,而且它和水仙花成为我们新年享受的一部分。每种花生在其周遭的环境中似乎是很完美的;爱花的人们最容易使这些花在我们的心中构成各种不同季节的图画,有如冬青树代表圣诞节那样。

兰花、菊花和莲花,与松竹一样,人们是因为它们有某些素质而选择它们的;它们在中国文学上是君子的象征,尤其是兰花,因为它有一种异样的美。在一切花类之中，梅花也许是中国诗人最爱好的；据说梅花在众花中是占"第一"把交椅的，因为它在新年开花，所以在众花中占第一位。当然，人们也有不同的意见，牡丹在传统观念中是被称为"花王"的，尤其是在唐朝。在另一方面，牡丹因为颜色鲜艳，所以常常被视为富足和快乐的象征；而梅花则是诗人之花，象征着恬静而清苦的学者；因此前者是属于物质的，而后者属于精神的。唐朝的武则天有一天大发狂妄之念，命令皇宫花园中一切的花儿应当顺从她的意思，在仲冬的某一天开花，结果只有牡丹敢违反女皇帝的命令，迟了数小时才开花，因此武则天下令把几千盆的牡丹花由西安（当时的京都）贬到洛阳去。有一位文人就只为了这个缘故同情牡丹花。牡丹花虽然失宠，可是在一般民众之间还保持着它的地位，而洛阳也变成牡丹花的大本营了。我想中国人对玫瑰花之所以不加重视，乃是因为它的色泽和形状属于牡丹一类，可是没有后者的华丽。据中国古代的记载，牡丹花可分为九十种，每种都有一种极富诗意的名字。

兰花和牡丹不同，象征着隐逸的美，因为它常常生长于多荫的幽谷。据说它有"孤芳自赏"的美德，不管人们看不看它，而且极不情愿被移植到城市里去。如果它被人们移植在城市里，它须顺自然的本性生长起来，否则便会枯萎而死。所以，我们常常称美丽的，隐逸的少女，或隐居山中，鄙视名利权势的大学者为"空谷幽兰"。它的香味是很微妙的，似乎并不故意要去取悦任何人，可是当人们欣赏它的时候，其香是多么飘逸啊！为了这个缘故，它便成为不与凡俗为伍的君子以及真友谊的象征，因为有一本古书说："入芝兰之室，久而不闻其香。"因为这人的鼻子已经充满花香了。李笠翁说：欣赏兰花的最好办法，不是把它们放在各房间中，而是只放在一个房间中，使人们进出的时候享受它们的香味。美国种的兰花似乎没有这种微妙的香味，可是其花较大，形状与色泽亦较为华丽。我的故乡的兰花据说是全中国最好的，称为"福建兰"。这种色泽浅绿,上有紫色的斑点,花形比普通的兰花小得多,其花瓣只有一英寸余长。最佳最宝贵的兰花种名为陈孟良,与水同色,浸在水里几乎看不出来。牡丹的种类是以出产的地方为名的,兰花的种类则和美国花一样,以它们的主人为名,如"浦将军"、"申军需官"、"李司马"、"黄八哥"、"陈孟良"、"徐锦楚"。

种兰极难,其花又极纤弱易萎,人类公认它具有高贵的性格,其原因无疑的即在于此。在众花中,兰花如栽植稍有不当,最易枯萎。所以爱兰的人往往亲自种植,不把它交给庸仆去照顾;我看见过有些人照顾兰花,有如奉养父母那样的小心。一株极贵重的植物能够像一具极好的铜器或花瓶那样地引起人家很大的妒忌;一个朋友如果不愿分一些新枝给人家,也会造成很深的怨恨。中国古书中有一段记载说,一位学者因为朋友不愿把一种植物的新枝送给他,便实行偷窃,结果被捕入狱。对于这种情感,沈复在《浮生六记》里曾有过这么美妙的描写:

"花以兰为最,取其幽香韵致也,而瓣品之稍堪入谱者不可多得。兰坡临终时,赠余荷瓣素心春兰一盆,皆肩平心阔,茎细瓣净,可以入谱者。余珍如拱璧。值余幕游于外,得能亲为灌溉,花叶颇茂。不二年,一旦忽萎死。起根视之,皆白如玉,且兰芽勃然。初不可解,以为无福消受,浩叹而已。事后始悉有人欲分不允,故用滚汤灌杀也。此后誓不植兰。"

菊是诗人陶渊明所爱的花,正如梅是诗人林和靖所爱的花,莲是儒家学者周濂溪所爱的花一样。菊花开于深秋,所以在人们的心目中是具有"冷香"和"冷艳"的。菊花的"冷艳"和牡丹的华丽比较起来,其特色是显而易见的。据我所知,菊花共有数百种,宋代一位大学者范成大以极美丽的名字去称呼各种的菊花,居然造成一种风气。种类之繁多似乎便是菊花的特色,其形状及色泽具有不同之处。人们视白与黄为菊花的"正"色,对紫与红则视为变体。所以比较低贱。白菊与黄菊的色泽产生了许多不同的名称,如"银碗"、"银玲"、"金铃"、"玉盆"、"玉铃"、"玉绣球"等。有的则用著名美人的名字,如"杨贵妃"和"西施"。有时它们的形状如女人剪短了头发一样,有时它们的爪须则和长发一样。有几种菊花比其他的菊花更香,最佳的菊花据说有麝香或"龙脑"香的香味。

莲花自成一类,据我看来,它是花中最美丽的花。因为,它的花与茎叶整个在水上漂着,夏季没有莲花可赏是不觉其乐的。一个人如果没有一个房子在池塘之畔,尽可以把莲花种在大缸里。然而,在这种情形之下,我们却很难享受莲花蔓延半英里的美景,它们弥漫在空气中的香味,以及花上的白色与红色,和点缀着水珠的大绿叶互相辉映的妙趣(美国种的水莲和莲荷不同)。宋代学者周氏写了一篇小品文,说明他爱莲花的原因。他说莲花像君子,生于污浊的水中而保持着清白之身。他所说的话证明他是一个儒家的理论家。由实利主义的观点上看起来,莲花的各部分都有用处。莲藕可以制成一种冷饮,莲叶可以包裹水果或其他的食物去蒸,莲花的形状和香味可供玩赏,莲子被人们视为神仙的食品,或剥出生吃,或晒干拌糖而食。

海棠和苹果花相像,与其他的花同样地得到诗人的爱好,虽则杜甫不曾提起这种产于他的故乡四川的花。人们提出过各种的解释,其中最可相信的解释是:海棠是杜甫母亲的名字,他为避讳起见,故不提起。我觉得只有两种花的香味比兰花更好,这两种花就是木樨和水仙花。水仙花也是我的故乡漳州的特产,此种花头曾大量输入美国,有一时期竟达数十万元之巨,后来美国农业部禁止这种清香扑鼻的花入境,以免美国人受花中或有的微菌所侵染。白水仙花头跟仙女一样的纯洁,不是要种在泥土里,而是要种在玻璃盆或磁盆里,内放清水和小圆石,而且需要极细心的照顾。说这种花里有微菌,可真有点想入非非。杜鹃花虽有含笑之美,却被视为悲哀的花,因为据说它是杜鹃泣血而化成的;杜鹃从前是一个男孩子,为了他的兄弟被后母虐待而逃亡,特地跑出来寻觅他的。

花怎样插在瓶里,也与花的选举和品第同样重要。这种艺术至少可以追溯到十一世纪的时候。在十九世纪的初叶,《浮生六记》的作者曾经在"闲情记趣"一卷里描写插花的艺术。他主张应该把花插得好像一幅构意匀称的图画:

唯每年篱东菊绽,秋兴成癖,喜摘插瓶,不爱盆玩。

非盆玩不足观,以家无园圃,不能自植,货于市者,俱丛杂无致,故不取耳。其插花朵,数宜单,不宜双。每瓶取一种,不取二色。瓶口取阔大,不取窄小,阔大者舒展。不拘。自五七花至三四十花,必于瓶口中一丛怒起,以不散漫,不挤轧,不靠瓶口为妙;所谓"起把宜紧"也。或亭亭玉立,或飞舞横斜。花取参差,间以花蕊,以免飞钹耍盘之病。叶取不乱,梗取不强。用针宜藏,针长宁断之,毋令针针露梗,所谓"瓶口宜清"也。

视桌之大小,一桌三瓶至七瓶而止;多则眉目不分,即同市井之菊屏矣。几之高低,自三四寸至二尺五六寸而止;必须参差高下,互相照应,以气势联络为上。若中高两低,后高前低,成排对列,又犯俗所谓"锦灰堆"矣。

或密或疏,或进或出。全在会心者得画意乃可。

若盆碗盘洗,用漂青,松香,榆皮,面和油,先熬以稻灰,收成胶。以铜片按钉向上,将膏火化,粘铜片于盘碗盆洗中。俟冷,将花用铁丝扎把,插于钉上,宜斜偏取势,不可居中,更宜枝疏叶清,不可拥挤;然后加水,用碗沙少许掩铜片,使观者疑丛花生于碗底方妙。

若以木本花果插瓶,剪裁之法(不能色色自觅,倩人攀折者每不合意),必先执在手中,横斜以观其势,反侧以取其态。相定之后,剪去杂枝,以疏瘦古怪为佳。再思其梗如何入瓶,或折或曲,插入瓶口,方免背叶侧花之患。若一枝到手,先拘定其梗之直者插瓶中,势必枝乱梗强,花侧叶背,既难取态,更无韵致矣。折梗打曲之法:锯其梗之半而嵌以砖石,则直者曲矣。如患梗倒,敲一二钉以管之。即枫叶竹枝,乱草荆棘,均堪入选。或绿竹一竿,配以枸杞数粒,几茎细草,伴以荆棘两枝,苟位置得宜,另有世外之趣。

袁中郎的《瓶史》

关于折花插瓶的文章,写得最好的也许是袁中郎。他生于十六世纪的末叶,是我最爱好的一位作家。他所著的《瓶史》是讨论插瓶的书,在日本获得很高的评价,因此日本有所谓"袁派"的插花。他在这书的小引里说:"夫山水花竹者,名之所不在,奔竞之所不至也。天下之人,栖止于器崖利薮,目眯尘沙,心疲计算,欲有之而有所不暇。故幽人韵士,得以乘间而踞为一日之有。"可是,他又说:赏玩瓶花系"暂时快心事","无狙以为常,而忘山水之大乐"。

他说书斋中欲插花时,取花宜慎,宁可无花,不可"滥及凡卉";接着他便叙述各种可用的铜器花瓶和陶器花瓶。花瓶可分两类:富翁有汉代古铜花瓶和大厅堂,宜用大瓶插长枝大花;学者书斋中则宜用小瓶插较小的花,所插的花亦宜慎择。可是牡丹和莲花,形体既大,宜插大瓶,不在此限。

关于插花一节,他说:

插花不可太繁,亦不可太瘦,多不过二种三种。高低疏密,如画苑布置方妙。置瓶忌两对,忌一律,忌成行列,忌以绳束缚,夫花之所谓整齐者,正以参差不伦,意态天然;如子瞻之文,随意断续,青莲之诗,不拘对偶,此真整齐也。若夫枝叶相当,红白相配,此省曹墀下树,墓门华表也。恶得为整齐哉?

择枝折枝时,宜择瘦者雅者,枝叶亦不宜太繁。一瓶只插花一二种,插二种时,宜加排列,使之如生自一枝者然。……

花宜与瓶相配,高于瓶四五寸,若瓶高二尺,腹底宽大,则花出瓶口以二尺六七寸为佳。……若瓶身高而细,宜插两枝,一长一短,弯曲伸出瓶外,花则短于瓶数寸。插花切忌太稀,亦忌太繁。若以绳束缚之如柄,则韵致全失尽矣。花插小瓶中,宜短于瓶身二寸,伸出瓶外。八寸细瓶,宜插长六七寸之花。然若瓶形肥大,则花长于瓶二寸亦无妨也。

室中天然几一,藤床一。几宜阔厚,宜细滑。凡本地边栏漆桌描金螺钿床,及彩花瓶架之类,皆置不用。在"沐"花方面,作者对于花的情趣表现着深切的了解。

夫花有喜怒寤寐。晓夕浴花者,得其候,乃为膏雨。淡云薄日,夕阳佳月,花之晓也。狂风连雨,烈焰浓寒,花之夕也。檀辰烘目,媚体藏风,花之喜也。晕酣神敛,烟色迷离,花之愁也。欹枝困槛,如不胜风,花之梦也。

嫣然流盼,光华溢目,花之醒也。晓则空亭大厦;昏则曲房奥室;愁则屏气危坐;喜则欢呼调笑;梦则垂帘下帷;醒则分膏理泽。所以悦其性情,适其起居也。浴晓者上也;浴寐者次也;浴喜者下也。若夫浴夕浴愁,直花刑耳,又何取哉?

浴之法,用泉甘而清者,细微浇注,如微雨解醒,清露润甲,不可以手触花,及指尖折剔,亦不可付之庸奴猥婢。浴梅宜隐士,浴海棠宜韵客,浴牡丹芍药宜靓妆妙女,浴榴宜体艳色婢,浴木樨宜清慧儿,浴莲宜娇媚妾，浴菊宜好古而奇者，浴腊梅宜清瘦僧。然寒花性不耐浴，当以轻绡护之。

据袁氏的见解，某种花插在瓶中时，应该有某种花做它的使令。依中国人的旧习惯，淑女贵妇都有终身随从服侍的婢女，因此一般人认为美人有艳婢随侍在侧，看来便是十全十美的。淑女贵妇和婢女都应该是美丽的，可是不知何故，人们认为某一种美是属于婢女的，而不是属于主妇的。婢女和她们的主妇看起来不调和，就像马厩和地主的田宅不配合一样。袁氏把这种观念应用于花，所以他主张说："梅花以迎春瑞香山茶为婢，海棠以平婆林枪丁香为婢，牡丹以玫瑰蔷薇木香为婢，芍药以罂粟蜀葵为婢，石榴以紫薇大红千叶木槿为婢，莲花以山矾玉簪为婢，木樨以芙蓉为婢，菊以黄白山茶秋海棠为婢，腊梅以水仙为婢。诸婢姿态，各盛一时，浓淡雅俗，亦有品评。水仙神骨清绝，织女之梁玉清也。山茶鲜妍，瑞香芬烈，玫瑰旖旎，芙蓉明艳，石氏之翔风，羊家之净琬也。……山矾洁而逸，有林下气，鱼玄机之绿翘也。……丁香瘦，玉簪寒，秋海棠娇，然有酸态，郑康成崔秀才之侍儿(据说郑康成的侍儿能用古文与她的博学的主人说话，其情形跟中世纪学者彼此以拉丁文对话一样)也。"

袁氏认为一个人如在某方面——甚至在棋弈或其他方面——有特殊的成就，一定会爱之成癖，沉湎酣溺而不能自拔的；所以对于爱花的癖好，他也表现同样的见解：

余观世上语言无味面目可憎之人，皆无癖之人耳。

古之负花癖者，闻人谈一异花，虽深谷峻岭，不惮蹶躄而从之。至于浓寒盛暑，皮肤皴鳞，汗垢如泥，皆所不知。一花将萼，则移枕携衾，睡卧其下，以观花之由微至盛至落至于萎地而后去。或千株万本以穷其变，或单枝数房以极其趣，或臭叶而知花之大小，或见根而辨色之红白。是之谓真爱花，是之谓真好事也。

关于赏花一点，他说：

茗赏者上也，谈赏者次也，酒赏者下也。苦夫内酒越茶及一切庸秽凡俗之语，此花神之深恶痛斥者，宁闭口枯坐勿遭花恼可也。夫赏花有地有时，不得其时而漫然命客，皆为唐突。寒花宣初雪，宜雪霁，宜新月，宜暖房。温花宜晴日，宜轻寒，宜华堂。暑月宜雨后，宜快风，宜佳木荫，宜竹下，宜水阁。凉花宜爽月，宜夕阳，宜空阶，宜苔径，宜古藤巉石旁。若不论风日，不择佳地，神气散缓，了不相属。此与妓舍酒馆中花何异哉？

最后，袁氏又拟出花快意凡十四条，花折辱凡二十三条（中国作家对算术数目之类显然是很淡漠的。我把找得到的袁氏著作的最佳版本拿来比较，还是找不出那所谓"二十三条"。数目对否事实上没有什么关系。只有琐碎的人才会斤斤于数学上的准确问题）：

花快意——明窗　净几　古鼎　宋砚　松涛溪声主人好事能诗　门僧解烹茶　苏州人送酒　座客工画　花卉盛开　快心友临门　手抄藏花书　夜深炉鸣　妻妾校花故实

花折辱——主人频拜客　俗子阑入　蟠枝　庸僧谈禅　窗下狗斗莲子　胡同歌童弋阳腔　丑女折戴　论升迁　强作怜爱　应酬诗债未了　盛开　家人催算账　检《韵府》押字　破书狼藉　福建牙人吴中赝画　鼠矢蜗涎　僮仆偃蹇　令初行酒尽　与酒馆为邻　案上有黄金白　霉中原紫气等诗

裸体的好处

我听说裸体主义到了美国。让它来吧！我没看见它能有什么危害。我一生不知不觉地就成了一个裸体主义者。

首先要弄明白的是，我是一个理智的裸体主义者，与那些教条主义的裸体狂不同，正如我是个理智的素食主义者，与素食犯有别。像所有中国人一样，我遵守中庸之道，我在一定的时候、一定的场所是个十足的裸体评论者，例如说在浴盆里。但要我穿了母亲给我的天然衣服跑上百老汇大街，我是死也不干的。我可以老实告诉你，在浴盆里裸体是很美妙的，如果浴室窗户所见的仅有几只路过的麻雀和窥探空气，倒令人舒心惬意。观察皮肤怎样因微寒而收缩，怎样在阳光作用下而松弛，活跃，渗出自然之油——体验这种过程是最快感的，我说的是在浴盆里。这是放射性引起的——这个词的意思我一点也不懂，但我知道它应该指什么——阳光在我皮肤上的作用。所有神志健全、不抱偏见的人都应当承认，在避开他人目光的房间，赤身沐浴阳光，比方说每天晒个十五分钟，是极利于健康、增强体力的活动，对此我也深信不疑。这些人应当赶紧自称为地道的、明智的裸体主义者，我也是其中之一。我是说这要在一定的时候，一定的场所。真正的裸体主义与露淫主义有着显而易见的差别，如同山峰上孤独的祈祷者与信仰复兴运动的宗教集会（这种集会是为教徒的福利而布道）上表演型的祈祷者之间的差别一样。一个是为裸体本身、为自己享受而欣赏裸体主义，另一个是借别人的眼睛来嘲笑裸体主义，把自己的裸体当做一块招牌，说："你看！我敢！"这种差别在人们生活的各个方面都有：例如，在家里爱妻子或爱丈夫与在大庭广众称她或他"亲爱的"之间的差别；在私宅内反省自己的缺点与在牛津的集会上供认十年前做过少年扒手（当然略去五千美元不义之财的数额）之间的差别；黄昏时在偏僻的弄堂里给一个漂亮的女乞丐两毛钱与在慈善舞会上发表公开演说之间的差别；为自个儿取乐而骑马与纤指戴着钻石戒指粉脸垂副玉耳环去骑马之间的差别。我认为，所有这些差别的确是有的。纯正的宗教家、情笃的妻子、慈善人和真正的骑手是一类，而另一类则是——表演主义者。

换句话说，我是个地道的裸体主义者，因为我孤独一人时爱光着身子。我无须举出所有的优点，第一大优点就是能有这种认识：人首先是动物，纯然的动物。如果你可能，就听听你的心跳，如果你可能，就看血在你的血管里流动。关于人生的目的，你得到的深刻的认识，就会比从一大摞哲学书中获得的更正确。大家公认这样的事实：我们有一个躯体，许多事情都得依赖我们的躯体，我们应当看好我们这架自行修补的奇妙机器。裸体给人一定的活动自由。看看你裸体时屈膝是多么的轻松自如，无牵无挂，试比较你穿着裤子时屈膝的情景。我可以在自己的暗室里赤身露体地跑上几圈，享受绝对自由的快感，但我得注意不让仆人看见。人还得屈从于一定的人为之事，还得理智一些。如果你的皮肤十分强健，你也可以舒适地裸体而眠，像因节俭而裸睡的人一样，你可以享受皮肤自由的亲褥之乐。整个地说来，医生都会告诉你，皮肤是排泄污秽的重要器官之一，也是自动消毒的有机体。如果要穿笨拙且不人道的西装，你还得残忍地将躯体裹在紧身的衬衣里，阻止或干扰一切自然的排泄行动，你就应当在一天二十四小时内至少花上几分钟以自然的状态恢复自然的功能，尤其要在阳光和新鲜空气的作用下进行。我想，从美学观点来看，这也能帮助人们意识到运动的韵律。

但是，如果不为其他原因，仍从美学上来看，我是坚决反对当众裸体的。如果诗人不知道,艺术家是会知道的:完美的人体不啻凤毛麟角。美女可能有着漂亮的躯干,可也还有难看的细瘦小腿和不匀称的脚。坚信如果人们在炎夏的下午去海滨观赏自然之情,任何目光敏锐的人都会被吓跑的。十三岁的苏三瘦骨嶙峋;蓓蒂的臀部臃肿突兀;乔治叔秃头底下配副眼镜,实在难看;凯特姐胸部松弛,而柯黛莉亚婶简直是个怪物。一家人中我看只有朱丽亚算得上国色天香。正如中国人所描绘的美女那样,增之一分则嫌肥,减之一分则嫌瘦,她就是这样的恰到好处。可宇宙间能有几个恰到好处的人?就是这几个人在青春消逝之后,仍能保持恰到好处者所剩有几?

因此,彻头彻尾的裸体主义只有在男女看不见自己丑陋的社会里才能容忍,如果深入推理,它将意味着我们美感的大衰退,引起的后果将是:对漂亮裸体的美学鉴赏与观看非洲丛林中的裸体土人相差无几。一般人体都像猴子或像吃得饱的马,只有衣服的掩饰能使有的人看上去像陆军上校,使有的人像银行老板。剥掉他们的衣服,这些人的上校和老板形象就会烟消云散!他们在家偶尔实行裸体主义,说明了他们为什么一般被太太蔑视的原因。剥光国际会议上那些风度翩翩的代表们的衣服,我们就会获得更真切的认识:当今混乱的世界,原来是由一群猴子统治着。

我相信,在裸体主义被习俗推崇的世界上,几乎所有的女人都渴望有块破布把造物主在她们身上永久遗忘的角落掩起来。总之,男子的堕落,女子的卖俏是始于遮羞布。试想想,在裸体主义世界上,多少女人系上乳罩以增强她们的肉感,又有多少人穿上紧身衣!那些胆大妄为、寡廉鲜耻的女性服装设计师,将会受到德高望重的老太太的指责,指责他们没有让女人袒胸露腹。"那些无耻的摩登女郎真不光明正大!"裸体王国的道学太太宣称道:"噢,更年轻的斯特雷奇小姐竟拿一块一尺多长的布片缠在臀部上。我不想传谣,也没亲眼见过,但人家是这么说的！"

"噢，摩登女郎现在是无所不为，"顿第太太接着说，"如果哪一天她们将臂部的布延伸到膝盖，我也不觉得怎么样，你知道这些年轻人，就是敢于惊世骇俗。"

男人只会爱上戴乳罩的女人，或是死于石榴裙下。因此我说，如果裸体主义来了，让它来吧！它无伤大雅。我充分相信，我们人类的美感还没有丧失殆尽，还能够自然地阻止过度的行为。我平素对人们的道德并不关心，但本文算是我所写的最正经的一篇。

谈海外钓鱼之乐

夏天来了，又使我想到在海外钓鱼之乐。我每年夏天旅行，总先打听某地有某种钓鱼之便，早为安排。因此，瑞士、奥地利、法国诸国足迹所至，都有垂钓的回忆。维也纳的多瑙河畔，巴黎的色印郊外，湖山景色都随着垂纶吊影，收入眼帘。人生何事不钓鱼，在我是一种不可思议之谜。在家时，因为种种因素，没有设备，所以也未成风气。淡水河中，游艇竟然绝迹，石门湖上，绿蓑青笠之男女无几，深以为憾。水上既无饭店，陌上行人甚稀，令人百思不得其解。也许"政府"爱护老百姓，十分关怀，怕我们小民沉落水里去，那就不得而知了。然而白鹭云飞，柳堤倒影，这辜负春光秋色之罪，应该由谁去负责？或者暮天凉月之际，烟雾笼晴之时，流光易逝的一刹那，有谁拾取？或者良辰静夜，月明星稀，未能放舟中流，荡漾波心，游心物外，洗我胸中秽气，是谁之过？纵使高架铁路完成，而一路柳堤冷落，画舫绝迹，未免为河山减色。

使我最难忘的是阿根廷的巴利洛遮（Bariloche）湖。这是有名的钓鲑鱼的好地方。地在高山，因为河山变易，这些鲑鱼久已不能入海，名为 Landlocked Salmon 而与鲟鱼混种，称为 Salmentrout。在北美的鲟鱼平常只有一两磅，大者三五磅，此地却有一二十磅的鲟鱼，及二三十磅的鲑鱼。艾森豪威尔总统也曾来此下钓，这是我的向导告诉我的。巴利洛遮湖，位在阿根廷与智利交界。南美安狄斯大山脉至此之势已尽，所以这个地方，虽然重峦叠嶂，却是湖山胜地，车船络绎往来无阻。这一带都是钓鲟鱼的好地方，越界到了巴利洛遮湖，遂成天然仙景。湖上有 Llao-Llao 饭店，导游指南称为世界风景第一。Llao-Llao 坐落此山，正似一朵出水芙蓉，前后左右，倚栏凭眺，碧空寥廓，万顷琉璃，大有鸿蒙未开气象。晨曦初指，即见千峦争秀，光彩陆离。大概山不高而景奇，所以一望无际，层层叠叠的青峦秀峰与湖水的碧绿，阳光的红晕相辉映。又没有像瑞士缆车别墅之安插，快艇之浮动，冗杂其间，竟成与鹿豕游之鸿蒙世界。游客指南所称，果然名副其实。此地钓鱼多用汽船慢行拖钓方法，名为 Trolling。船慢慢开行，钓丝拖在船后一百余尺以外。钩用汤匙形，随波施转，闪烁引鱼注意，所以不需用饵。我与内人乘舟而往，渔竿插在舷上，鱼上钩时自可见竿摇动。这样一路流光照碧，寒声隐地寻芳洲，船行过时惊起宿雁飞落芦深处。夕阳返照，乱红无数，仰天长啸，响彻云霄，不复知是天上，是人间。

　　海钓与湖钓不同。阿京之东约一百五十英里，地名"银海"(Mardel plata) 是阿国人避暑海滨胜地。去岸十英里的海中，因为富有水中食物，是产鱼最多的一带。我单一人，雇一条汽船，长二丈余，舟子问我怕浪不怕浪，我说不怕。就在烟雨蒙蒙之时出发，船中仅我跟舟子两人。海面也没有大波浪，但是舟子警告我，回来逆浪，不是玩的。到目的地停泊以后，我们两人开始垂钓。也不用钓竿，只是手拉一捆线而已，果然天从人愿，钩未到底，绳上扯动异常，一拉上来，就是一线三根钩上，有鱼上钩，或一条，或三条。这样随放随拉，大有应接不暇之势，连抽烟的工夫都没有。不到半小时舱板上净是锦鳞泼刺,已有一百五十条以上的鱼,大半都是青鱀。我说回去吧。舟子扔一套雨衣雨帽,叫我蹲在船板底。由是马达开足,真是风急浪高,全船无一隐藏之地。这是我有生以来钓鱼最满意的一次。到岸上捡得二篓有余。皆送堤上的海鲜饭店。这是一家有名的海鲜饭店,名为 Spadav Becchia,打电话叫我太太来共尝海味,并证明渔翁不净是说谎话的人。而在此场中也可看到阿根廷国人集团唱歌,那种天真欢乐的热闹,为他国所难见到的。

纽约北及长岛,南接新泽西州,钓鱼的风气甚盛,设备也好。长岛近郊,如 Creat Neck,Liule Neck,Port Washington,到处港中渔船无数,而 Port Washington,尤其是我过一夏天的地方。闲来,拿个铁筒,去摸蛤蜊,赤足在海滨沙上,以足趾乱摸。蛤蜊在海水中沙下一二寸,一触即是,触到时,用大趾及二趾夹上来,扔入桶中。同君的人,五六十尺外听到哐当一声,便知同伴又捡一个,其中自有乐处。所以这地的人常有烤蛤蜊的宴会,名为 Clam-bake。长岛以北,尤近大洋,由此地出发入海的,多半意在鳖鱼的佳地。我也曾在长岛北部过一夏天。螃蟹随海潮出入洲渚。站在桥上看见螃蟹成群结队而来。只用长竿蟹网,入水便得。所以住此地的人吃螃蟹不要钱。沿海一带也不知有多少出海钓游的村落。地名常加 quolque 一音,即印第安人留下的土语,指海湾小港。

最有名的是近 Coney Island 的羊头坞(Sheepshead Bay)这是纽约全市的人常出海钓鱼的船坞。夏天一到,可有三四十只渔船,冬天也有十来条船。船长八九十尺,一切设备都有,午餐总是三明治,汉堡煎牛肉及啤酒,热咖啡之类,船上钓竿、钓钩及一切的杂具应有尽有。鱼饵也由船包办。我们钓鱼的男女老少,大半是外行,今日钓什么鱼,用什么饵,钓钩大小,鱼出何处,都由船手帮忙指示,而到何处去钓,这几天有什么鱼,船主却是内行。早晨七时出发,一到船坞就见多少船手站在岸上拉生意。船行约两小时,平常四时至五时可以登岸回家。每船约四五十人,各占钓位,以早到为宜。钓到大鱼时,全船哗然,前呼后应,甚是热闹,由水手拿长钩及网下手,以免鱼出水时挣扎脱钩而去。

最好的是七八月间,所谓蓝鱼(Blue fish)出现之时。这是一种猛悍捕食他类的鱼。大概鲭鱼出现,蓝鱼跟着就来追逐。所以钓蓝鱼,有与鱼决斗的意味。凡钓鱼的人,最不喜欢温驯上来的鱼。若海底比目鱼之类,一上钩,若无其事就拉上来。蓝鱼不然,一路挣脱,鱼力又猛,可能费尽气力,才能就落。稍静一下,又来奋斗,或者脱钩而去。及见水面,银光闪烁,拉你的弦扯大圆圈,径可一二丈外。所以同船的人的钓绳,也给他搅得绊来绊去。那时钓上鱼要紧,等鱼上板,以后慢慢分个头绪,整理钓绳的纠葛。这蓝鱼上板时,仍然乱跳乱蹦,挣扎到底,好不容易捉住。尤其是钓蓝鱼以夜间为宜。蓝鱼出现,海面上可有一百条船,成群结队停泊海面。夜来时,月明星稀,海面灯光浑然,另是一番气象,你休息时,或者鱼不吃饵时,尽管躺在船上,看樯影挂在星河,婆娑摇动,倒也可心神飘忽,翩翩欲仙。瞥然间船中响起,有人钓到大鱼,全船哗然,乃起来再接再厉,鼓起精神垂钓。有一回已是九月初,蓝鱼已少,而留者特大。我和相如夜钓,相如钓上两条,长如雨伞,重二十斤。只好每条装一布袋,指晓回家。太太正在睡乡,忽然惊起,不信布袋中是何有腥味的大雨伞。这是我钓鱼中最可记的一次。

林语堂

第四篇
人情练达即文章

中国人的国民性

中国向来称为老大帝国。这老大二字有深意存焉，就是即老又大。老字易知，大字就费解而难明了。所谓老者第一义就是年老之老。今日小学生无不知中国有五千年的历史，这实在是我们可以自负的。无论这五千年中是怎样混法，但是五千年的的确确被我们混过去了。

一个国家能混过上下五千年，无论如何是值得敬仰的。国家和人一样，总是贪生想活，与其聪明而早死，不如糊涂而长寿。中国向来提倡敬老之道，老人有什么可敬呢？是敬他生理上一种成功，抵抗力之坚强；别人都死了，而他偏还活着。这百年中，他的同辈早已逝世，或死于水，或死于火，或死于病，或死于匪，灾旱寒暑攻其外，喜怒忧乐侵其中，而他能保身养生，终是胜利者。这是敬老之真义。敬老的真谛，不在他德高望重，福气大，子孙多，倘使你遇到道旁一个老丐，看见他寒穷，无子孙，德不高望不重，遂不敬他，这不能算为真正敬老的精神。所以敬老是敬他的寿考而已。对于一个国家也是这样。中国有五千年连绵的历史，这五千年中多少国度相继兴亡，而他仍存在；这五千年中，他经过多少的旱灾水患，外敌的侵凌，兵匪的蹂躏，还有更可怕的文明的病毒，假使在于神经较敏锐的异族，或者早已灭亡，而中国今日仍存在，这是不能不使我们赞叹的。这种地方，只可意会，不可言传。同时老字还有旁义。就是"老气横秋"，"脸皮老"之老。人越老，脸皮总是越厚。中国这个国家，年龄总比人家大，脸皮也比人家厚。年纪一大，也就倚老卖老，荣辱祸福都已置之度外，不甚为意。张山来说得好："少年人须有老成人之识见，老成人须有少年人之襟怀。"就是少年识见不如老辈,而老辈襟怀不如少年。少年人志高气扬,鹏程万里,不如老马之伏枥就羁。所以孔子是非常反对老年人之状况的。一则曰"不知老之将至",再则曰"老而不死是为贼",三则曰"及其老也,戒之在得"。戒之在得是骂老人之贪财,容易患了晚年失节之过。俗语说"鸨儿爱钞,姐儿爱俏",就是孔子的意思。姐儿是讲理想主义者,鸨儿是讲现实主义者。

大是伟大之义。中国人谁想中国真伟大啊!其实称人伟大,就是不懂之意。以前有黑人进去听教师讲道,人家问他意见如何,他说"伟大啊"。人家问他怎样伟大,他说"一个字也听不懂"。不懂时就伟大,而同时伟大就是不可懂。你看路上一个同胞,或是洗衣匠,或是裁缝,或是黄包车夫,形容并不怎样令人起敬起畏。然而试想想他的国度曾经有五千年历史,希腊罗马早已亡了,而他巍然获存。他所代表的中国,虽然有点昏沉老耄,国势不振,但是他有绵长的历史,有古远的文化,有一种处世的人生哲学,有文学、美术、书画、建筑足以西方媲美。别人的种族,经过几百年文明,总是腐化,中国的民族还能把河南犹太民族吸引同化。这是西洋民族所未有的事。中国的历史比他国有更长的不断的经过,中国的文化也比他国能够传遍较大的领域。据实用主义的标准讲,他在优胜劣败的战场上是胜利者,所以这文化,虽然有许多弱点,也有竞存的效果。所以你越想越不懂,而因为不懂,所以你越想中国越伟大起来了。

老实讲,中国民族经过五千年的文明,在生理上也有相当的腐化,文明生活总是不利于民族的。中国人经过五千年的叩头请揖让跪拜,五千年说"不错,不错,"所以下巴也缩小了,脸庞也圆滑了。一个民族五千年中专说"啊!是的,是的,不错,不错",脸庞非圆起来不可。江南为文化之区,所以江南也多小白脸。最容易看出的是毛发与皮肤。中国女人比西洋妇人皮肤嫩,毛孔细,少腋臭,这是谁都承认的。

还有一层,中国民族所以生存到现在,也一半靠外族血脉的输入，不然今日恐尚不止此颓唐委靡之势。今日看看北方人与南方人体格便知此中的分别。（南人不必高兴，北人不必着慌，因为所谓"纯粹种族"在人类学上承认"神话"，今日国中就没人能指出谁是"纯粹中国人"。）中国历史，每八百年必有王者兴，其实不是因为王者，是因为新血之加入。世界没有国家经过五百年以上而不变乱的；其变乱之源就是因为太平了四五百年，民族就腐化，户口就稠密，经济就穷窘，一穷就盗贼瘟疫相继而至，非革命不可。所以每八百年的周期中，首四五百年是太平的，后二三百年就是内乱兵匪，由兵匪起而朝代灭亡，始而分裂，继而迁都，南北分立，终而为外族所克服，克服之后，有了新血脉然后又统一，文化又昌盛起来。周朝八百年是如此，先统一后分裂，再后楚并诸侯南方独立，再后灭于秦。由秦至隋也是约八百年一期，汉晋是比较统一，到了东晋便五胡乱华，到隋才又统一。由隋至明也是约八百年，始而太平，国势大震，到南宋而渐微，到元而灭。由明到清也是一期，太平五百年已过，我们只能希望此后变乱的三百年不要开始，这曾经有人作过很详细的统计。总而言之，北方人种多受外族的混合，所以有北方之强，为南人所无。你看历代建朝帝王都是出于长江以北，没有一个出于长江以南。所以中国人有句话，叫做吃面的可以做皇帝，而吃米的不能做皇帝。曾国藩不幸生于长江以南，又是湖南产米之区，米吃得太多，不然早已做皇帝了。再精细考究，除了周武王、秦始皇及唐太祖生于西北陇西以外，历朝开国皇帝都在陇海路附近，安徽之东，山东之西，江苏之北，河北之南。汉高祖生于江北，晋武帝生于河南，宋太祖出河北，明太祖出河南。所以江淮盗贼之薮，就是皇帝发祥之地。你们谁有女儿，要求女婿或是要学吕不韦找邯郸姬生个皇帝儿，求之陇海路上之三等车中，可也。考之近日武人，山东出了吴佩孚、张宗昌、孙传芳、卢永祥。河北出了齐燮元、李景琳、强之江、鹿钟麟。河南出一袁世凯，险些儿就登了龙座，安徽也出了冯玉祥、段祺瑞。江南向来没有产过名将,只出了几个很好的茶房。

但是虽有此南北之分,与外族对立而言,中国民族尚不失为有共同的特殊个性。这个国民性之来由,有的由于民种,有的由于文化,有的是由于经济环境得来的。中国民族也有优点,也有劣处,若俭朴,若爱自然,若勤俭,若幽默,好的且不谈,谈其坏的。为国与为人一样,当就坏处着想,勿专谈己长,才能振作。有人要谈民族文学也可以,但是夸张轻狂,不自检省,终必灭亡。最要紧是研究我们的弱点何在,及其弱点之来源。

我们姑先就这三个弱点:忍耐性,散漫性及老猾性,研究一下,并考其来源。我相信这些都是一种特殊文化及特殊环境的结果,不是上天生就华人,就是这样忍辱含垢,这样不能团结,这样老猾奸诈。这有一方法可以证明,就是人人在他自己的经历,可以体会出来。本来人家说屁话,我就反对;现在人家说屁话,我点头称善曰:"是啊,不错不错。"由此度量日宏而福泽日深。由他人看来,说是我的修养功夫进步。不但在我如此,其实人人如此。到了中年的人,若肯诚实反省,都有这样修养的进步。二十岁青年都是热心国事,三十岁的人都是"国事管他娘"。我们要问,何以中国社会使人发生忍耐,莫谈国事,及八面玲珑的态度呢?我想含忍是由家庭制度而来,散漫放逸是由于人权没有保障,而老猾敷衍是由于道家思想。自然各病不只一源,而且其中各有互相关系;但为讲解得清楚便利,可以这样暂时分个源流。

忍耐,和平,本来也是美德之一。但是过犹不及;在中国忍辱含垢,唾面自干已变成君子之德。这忍耐之德也就成为国民之专长。所以西人来华传教,别的犹可,若是白种人要教黄种人忍耐和平无抵抗,这简直是太不自量而发热昏了。在中国,逆来顺受已成为至理名言,弱肉强食,也几乎等于天理。贫民遭人欺负,也叫忍耐,四川人民预缴三十年课税,结果还是忍耐。因此忍耐乃成为东亚文明之特征。然而越"安排吃苦"越有苦可吃。若如中国百姓不肯这样的吃苦,也就没有这么许多苦吃。所以在中国贪官剥削小百姓,如大鱼吃小鱼,可以张开嘴等小鱼自己游进去,不但毫不费力,而且甚合天理。俄国有个寓言,说一日有小鱼反对大鱼的奸灭同类,就对大鱼反抗,说:"你为什么吃我?"大鱼说:"那么,请你试试看。我让你吃,你吃得下去吗?"这大鱼的观点就是中国人的哲学,叫做安分守己。小鱼退避大鱼谓之"守己",退避不及游入大鱼腹中谓之"安分"。这也是吴稚晖先生所谓"相安为国",你忍我,我忍你,国家就太平无事了。

这种忍耐的态度,我想是由大家庭生活学来的。一人要忍耐,必先把脾气炼好,脾气好就忍耐下去。中国的大家庭生活,天赋给我们练习忍耐的机会,因为在大家庭中,子忍其父,弟忍其兄,妹忍其姐,侄忍叔,妇忍姑,妯娌忍其妯娌,自然成为五代同堂团圆局面。这种日常生活磨炼影响之大,是不可忽略的。这并不是我造谣。以前张公艺九代同堂,唐高宗到他家问何诀。张公艺只请纸连写一百个"忍"字。这是张公艺的幽默,是对大家庭制度最深刻的批评。后人不察,反拿百忍当传家宝训。自然这也有道理。其原因是人口太多,聚在一起,若不相容,就无处翻身,在家在国,同一道理。能这样相忍为家者,自然也能相安为国。

在历史上,我们也可证明中国人明哲保身莫谈国事决非天性。魏晋清谈,人家骂为误国。那时的文人,不是隐逸,便是浮华,或者对酒赋诗,或者炼丹谈玄,而结果有永嘉之乱,这算是中国人最消极最漠视国事之一时期,然而何以养成此普遍清谈之风呢?历史的事实,可以为我们明鉴。东汉之末,子大夫并不是如此的。太学生三万人常常批评时政,是谈国事,不是不谈的。然而因为没有法律的保障,清议之权威抵不过宦官的势力,终于有党锢之祸。清议之士,大遭屠杀,或流或刑,或夷其家族,杀了一次又一次。于是清议之风断,而清谈之风成,聪明的人或故为放逸浮夸,或沉湎酒色,而达到酒德颂的时期。有的避入山中,蛰居子屋,由窗户传食。有的化为樵夫,求其亲友不要来访问,以避耳目。竹林七贤出,而大家以诗酒为命。刘伶出门带一壶酒,叫一人带一铁锹,对他说"死便埋我",而时人称贤。贤就是聪明,因为他能佯狂,而得善终。时人佩服他,如小龟佩服大龟的龟壳的坚实。

所以要中国人民变散漫为团结,化消极为积极,必先改此明哲保身的态度,而要改明哲保身的态度,非几句空言所能济事,必改造使人不得不明哲保身的社会环境,就是给中国人民以公道法律的保障,使人人在法律范围之内,可以各开其口,各做其事,各展其才,各行其志。不但扫雪,并且管霜。换句话说,要中国人不像一盘散沙,根本要着,在给予宪法人权之保障。但是今日能注意到这一点道理,真正参悟这人权保障与我们处世态度互相关系的人,真寥如辰星了。

中国人之聪明

聪明系与糊涂相对而言。郑板桥曰:"难得糊涂","聪明难,由聪明转入糊涂为尤难",此绝对聪明语,有中国人之精微处世哲学在焉。俗语曰:"聪明反为聪明误",亦同此意。陈眉公曰:"唯有知足人,鼾鼾睡到晓,唯有偷闲人,憨憨直到老",亦绝顶聪明语也。故在中国,聪明与糊涂复合为一,而聪明之用处,除装糊涂外,别无足取。

中国人为世界最聪明之一民族,似不必多方引证。能发明麻将牌戏及九龙圈者,大概可称为聪明的民族。中国留学生每在欧美大学考试,名列前茅,是一明证。或谓此系由于天择,实非确论,盖留学者未必皆出类拔萃之辈,出洋多由家庭关系而已。以中国农工与西方同级者相比,亦不见弱于西方民族。此尚系题外问题。

唯中国人之聪明有西方所绝不可及而最足称异者，即以聪明抹杀聪明之聪明。聪明糊涂合一之论，极聪明之论也。仅见之吾国，而未见之西方。此种崇拜糊涂主义，即道家思想，发源于老庄。老庄固古今天下第一等聪明人，道德经五千言亦世界第一等聪明哲学。然聪明至此，已近老奸巨猾之哲学，不为天下先，则永远打不倒，盖老奸巨猾之哲学无疑。盖中国人之聪明达到极顶处，转而见出聪明之害，乃退而守愚藏拙以全其身。又因聪明绝顶，看破一切，知"为"与"不为"无别，与其为而无效，何如不为以养吾生。只因此一招，中国文明乃由动转入静，主退，主守，主安分，主知足，而成为重持久不重进取，重和让不重战争之文明。此种道理，自亦有其佳处。世上进化，诚不易言。熙熙攘攘，果何为者。

何若"退一步想"知足常乐以求一心之安。此种观念贯入常人脑中时，则和让成为社会之美德。若"有福莫享尽，有势莫使尽"，亦极精微之道也。唯吾恐中国人虽聪明，善装糊涂，而终反为此种聪明所误。中国之积弱，即系聪明太过所致。世上究系糊涂者占便宜，抑系聪明者占便宜，抑系由聪明转入糊涂者占便宜，实未易言。热河之败，败于糊涂也。唯以聪明的糊涂观法，热河之失，何足重轻？此拾得和尚所谓"且过几年，你再看他"之观法。锦州之退。聪明所误也。使糊涂的白种人处于同样境地，虽明知兵力不敌，亦必背城借一，宁为玉碎，不为瓦全，与日人一战。夫玉碎瓦全，糊涂语也。以张学良之聪明，乃不为之。

然则聪明是耶，糊涂是耶，中国人聪明耶，白种人聪明耶，吾诚不敢言。否所知者，中国人既发明以聪明装糊涂之聪明的用处，乃亦常受此种绝顶聪明之亏。凡事过善于计算个人利害而自保，却难得一糊涂人肯勇敢任事，而国事乃不可为。吾读朱文公《政训》，见一节云：

今世士大夫，唯以苟且逐旋捱事过去为事。捱得过时且过。上下相咻以勿生事，不要理会事。且恁鹘突，才理会得分明，便做官不得。有人少负能声，及少轻挫抑，则自悔其太惺惺了了，一切刻方为圆，随俗苟且，自道是年高见识长进……风俗如此，可畏可畏！

可见宋人已有此种毛病，不但"今世士大夫"然也。夫"刻方为圆"，不伤人感情，不辨是非，与世浮沉，而成一老奸巨猾，为个人计，固莫善于此，而为社会国家计，聪明乎？糊涂乎？则未易言。在中国多一见识长进人时，便是世上少一做事人时；多一聪明同胞时，便是国事走入一步黑甜乡时，举国皆鼾鼾睡到晓，憨憨直到老。举国皆认三十六计走为上计之圣贤，而独无一失计之糊涂汉子。举国皆不吃眼前亏之好汉，而独无一肯吃亏之弱者，是国家之幸乎？是国家之幸乎？

然则中国人虽绝顶聪明，归根结蒂，仍是聪明反为聪明误。呜呼，吾焉得一位糊涂大汉而崇拜之。

冬至之晨杀人记

孔子曰：上士杀人用笔端，中士杀人用语言，下士杀人用石盘。可见杀人的方法很多。我刚会一位客，因为他谈锋太健了，就用两句半话把他杀死。虽然死不死由他，但杀不杀却由我，总尽我中士之义务了。

事情是这样的。我虽不信耶稣，却守圣诞，即俗所谓外国冬至。几日来因为圣诞节到，加倍闹忙，多买不应买的什物，多与小儿打滚，而且在这节期中似乎觉得义应特别躲懒，所以《中国评论报》小评论的稿始终未写。取稿的人却于二十分钟内要来了。本来我办事很有系统，此时却想给他不系统一下。我想一人终年规规矩矩做事，到这节期撤一烂污，也没什么。就使《中国评论报》不能按期出版，中国也不致就此灭亡吧？所以我正坐在一洋铁炉边，梦想有壁炉观火的快乐，暂把胸中挂虑，一齐付之梦中炉火，化归乌有，飞上青天。只因素来安分成性，所以虽然坐着做梦，却是时向那架打字机丢眼色。结果我明晓大义，躲懒之心被克复了，我下决心正在准备工作。

正在这赶稿之时，知道有文章要写，却不知如何下笔，忽然门外铃响。看了片子，是个陌生客。这倒叫我为难，因为如果是熟客，我可以恭祝他圣诞一下，再请他滚蛋。不过来客情形又似十分重要。所以我叫听差先告诉来人，我此刻甚忙，不过如有要事，不妨过来坐谈几分钟。他说事情非常紧要。由是进来了。

这位先生，穿得很整齐，举止也很风雅。其实看他聚珍版仿宋的名片，也就知道他是个学界中人。他的颡额很高，很像一位文人学者，但是嘴巴尖小，而且眼睛渺细，看来不甚叫人喜欢。他手里拿着一个纸包。我已经对他不怀好意了。

于是我们开始寒暄。某君是久仰我的"大名"，而且也曾拜读过我的"大作"。

"浅薄得很。先生不要见笑。"我照例恭恭敬敬地回答。但是这句话刚出口，我登时就觉不妙，我得了一种感觉，我们还得互相回敬十五分钟，大绕大弯，才有言归正传的希望。到底不知他有什么公干。

老实说话，我会客的经验十分丰富。大概来客越知书识礼，互相回敬的寒暄语及大绕大弯的话头越多。谁也知道，见生客是不好冒冒昧昧，像洋鬼子"此来为某事"直截了当开题，因为这样开题，便不风雅了。凡读书人初次相会，必有读书人的身份，把做八股的功夫，或者是桐城起承转伏的义法拿出来。这样谈话起来，叫做话里有文章，文章不但应有风格，而且应有结构。大概可分为四段。不过谈话并不像文章的做法，下笔便破题而承题；入题的话是留在最后。这四段是这样的：

（一）谈寒暄评气候；（二）叙往事，追旧谊；（三）谈时事发感慨；（四）为要奉托之"小事"？凡读书人，绝不肯从第四段讲起，必须运用章法，有伏，有承，气势既壮，然后陡然收笔，于实为德便之下，兀然而止。这四段若用图画分类法，亦可分为（一）气象学，（二）史学，（三）政治，（四）经济，第一段之作用在于"坐稳"，符于来则安之之义。"尊姓"、"大名"、"久仰"、"夙慕"及"今天天气哈哈哈"属于此段。位安而后情定。所谓定情，非定情之夕之谓，不过联络感情而已，所以第二段便是叙旧，也许有你的令侄与某君同过学，也许你住过南小街，而他住过无量大人胡同，由是感情便融洽了。如果大家都是北大中人，认识志摩、适之，甚至辜鸿铭、林琴南——那便更加亲挚而话长了。感情既洽，声势斯壮，故接着便是谈时事，发感慨。这第三段范围甚广，包括有：中国不亡是无天理，救国策，对于古月三王草将马二弓长诸政治领袖之品评，等等。连带的还有追随孙总理几年到几年之统计。比如，你光绪三十年听见过一次孙总理演讲，而今年是民国二十九年，合计应得三十二年，这便叫做追随总理三十二年。及感情既洽，声势又壮，陡然下笔之机已到，于是客饮茶起立，拿起帽子，突兀而来，转入第四段：现在有一小事奉烦，先生不是认识××大学校长吗？可否写一封介绍信。总结全文。

　　这冬至之晨，我神经聪敏，知道又要恭聆四段法的文章了。因为某先生谈吐十分风雅，举止十分雍容，所以我有点准备，心坎里却在猜想他纸包里不知有无宝贝。或是他要介绍我什么差事，话虽如此，我们仍旧从气象学谈起。

　　十二宫星宿已经算过，某先生偶然轻快地提起傅君来。傅君是北大的高才生。我明白，他在叙旧，已经在第二段。是的，这位先生确是雄才，胸中有光芒万丈，笔锋甚健，他完全同意，但是我的眼光总是回复射在打字机上及他的纸包。然而不知怎样，我们的感情，果然融洽起来了。这位先生谈得句句有理，句句中肯。

自第二段至第三段之转入,是非常自然。

傅君,蜀人也。你瞧,四川不是正在有叔侄大义灭亲的厮杀一场吗,某先生说四川很不幸。他说看见我编辑的《论语》半月刊(我听人家说看见《论语》半月刊总是快活),知道四川民国以来共有四百七十六次的内战。我自然无异辞,不过心里想:"中国人的时间实在太充裕了",《评论报》的佣人就要来取稿了。所以也不大再愿听他的议论,领略他的章法,而很愿意帮他结束第三段。我们已谈了半个多钟头。这时我觉得叫一切四川军阀都上吊,转入正题,也不敢出岔。

"先生今日来访,不知有何要事?"

"不过一点小小的事,"他说,打开他的纸包,"听说先生与某杂志主编胡先生是亲属,可否奉烦先生将此稿转交胡先生?"

"我与胡先生并非亲属,而且某杂志之名,也没听见过,"我口不由心狂妄地回答,言下觉得颇有中士杀人之概。这里剧情非常紧张。因为这样猛然一来,不但出了我自己意料之外,连这位先生也愕然,我们俩都觉得啼笑皆非,因为我们深深惋惜,这样用半个钟点工夫做起承转伏正要入题的好文章,因为我狂妄,弄得毫无收场,我的罪过真不在魏延踢倒七星灯之下了。此时我们俩都觉得人生若梦!因为我知道我已白白地糟蹋我最宝贵的冬至之晨,而他也感觉白白地糟蹋他气象天文史学政治的学识。

鲁迅之死

民廿五年十月十九日鲁迅死于上海。时我在纽约,第二天见Herald-ribune电信,惊愕之下,相与告友,友亦惊愕。若说悲悼,恐又不必,盖非所以悼鲁迅也。鲁迅不怕死,何为以死悼之?夫人生在世,所为何事?碌碌终日,而一旦瞑目,所可传者极渺。若投石击水,皱起一池春水,及其波静浪过,复平如镜,了无痕迹。唯圣贤传言,豪杰传事,然究其可传之事之言,亦不过圣贤豪杰所言所为之万一。孔子喋喋千万言,所传亦不过《论语》二三万言而已。始皇并六国,统天下,焚书坑儒,筑长城,造阿房,登泰山,游会稽,问仙求神,立碑刻石,固亦欲创万世之业,流传千古。然帝王之业中堕,长生之乐不到,阿房焚于楚汉,金人毁于董卓,碑石亦已一字不存,所存一长城旧规而已。鲁迅投鞭击长流,而长流之波复兴,其影响所及,翕然有当于人心,鲁迅见而喜,斯亦足矣。宇宙之大,沧海之宽,起伏之机甚微,影响所及,何可较量,复何必较量?鲁迅来,忽然而言,既毕其所言而去,斯亦足矣。鲁迅常谓文人写作,固不在藏诸名山,此语甚当。　处今日之世,说今日之言,目所见,耳所闻,心所思,情所动,纵笔书之而罄其胸中,是以使鲁迅复生于后世,目所见后世之人,耳所闻后世之事,亦必不为今日之言。鲁迅既生于今世,既说今世之言,所言有为而发,斯足矣。后世之人好其言,听之;不好其言,亦听之。或今人所好之言在此,后人所好在彼,鲁迅不能知,吾亦不能知。后世或好其言而实厚诬鲁迅,或不好其言而实深为所动,继鲁迅而来,激成大波,是文海之波涛起伏,其机甚微,非鲁迅所能知,亦非吾所能知。但波使涛之前仆后起,循环起伏,不归沉寂,便是生命,便是长生,复奚较此波长波短耶?

　　鲁迅与我相得者二次,疏离者二次,其即其离,皆出自然,非吾与鲁迅有轻轩于其间也。吾始终敬鲁迅;鲁迅顾我,我喜其相知,鲁迅弃我,我亦无悔。大凡以所见相左相同,而为离合之迹,绝无私人意气存焉。我请鲁迅至厦门大学,遭同事摆布追逐,至三易其厨,吾尝见鲁迅开罐头在火酒炉上以火腿煮水度日,是吾失地主之谊,而鲁迅对我绝无怨言是鲁迅之知我。《人间世》出,左派不谅吾之文学见解,吾亦不愿牺牲吾之见解以阿附初闻鸦叫自为得道之左派，鲁迅不乐，我亦无可如何。鲁迅诚老而愈辣，而吾则向慕儒家之明性达理，鲁迅党见愈深，我愈不知党见为何物，宜其刺刺不相入也。然吾私心终以长辈事之，至于小人之捕风捉影挑拨离间，早已置之度外矣。

鲁迅与其称为文人，不如号为战士。战士者何？顶盔披甲，持矛把盾交锋以为乐。不交锋则不乐，不披甲则不乐，即使无锋可交，无矛可持，拾一石子投狗，偶中，亦快然于胸中，此鲁迅之一副活形也。德国诗人海涅语人曰，我死时，棺中放一剑，勿放笔。是足以语鲁迅。

鲁迅所持非丈二长矛，亦非青龙大刀，乃炼钢宝剑，名宇宙锋。是剑也，斩石如棉，其锋不挫，刺人杀狗，骨骼尽解。于是鲁迅把玩不释，以为嬉乐，东砍西刨，情不自已，与绍兴学童得一把洋刀戏刻书案情形，正复相同，故鲁迅有时或类鲁智深。故鲁迅所杀，猛士劲敌有之，僧丐无赖，鸡狗牛蛇亦有之。鲁迅终不以天下英雄死尽，宝剑无用武之地而悲。路见疯犬、癞犬及守家犬，挥剑一砍，提狗头归，而饮绍兴，名为下酒。此又鲁迅之一副活形也。

然鲁迅亦有一副大心肠。狗头煮熟，饮酒烂醉，鲁迅乃独坐灯下而兴叹。此一叹也，无以名之。无明火发，无名叹兴，乃叹天地，叹圣贤，叹豪杰，叹司阍，叹佣妇，叹书贾，叹果商，叹黠者、狡者、愚者、拙者、直谅者、乡愚者；叹生人、熟人、雅人、俗人、尴尬人、盘缠人、累赘人、无生趣人、死不开交人，叹穷鬼、饿鬼、色鬼、谗鬼、牵钻鬼、串熟鬼、邋遢鬼、白蒙鬼、摸索鬼、豆腐羹饭鬼、青胖大头鬼。于是鲁迅复饮，俄而额筋浮涨，眶眦欲裂，须发尽竖；灵感至，筋更浮，眦更裂，须更竖，乃磨砚濡毫，呵的一声狂笑，复持宝剑，以刺世人。火发不已，叹兴不已，于是鲁迅肠伤，胃伤，肝伤，肺伤，血管伤，而鲁迅不起，呜呼，鲁迅以是不起。

所谓名士派与激昂派

我主张文人亦应规规矩矩做人,所以文人种种恶习,若寒,若懒,若借钱不还,我都不赞成。好像古来文人就有一些特别坏脾气,特别颓唐,特别放浪,特别傲慢,特别矜夸。因为向来有寒士之名,所以寒士二字甚有诗意,以寒穷傲人,不然便是文人应懒,什么"生性疏慵",听来甚好,所以想做文人的人,未学为文,先学懒(毛病在中国文字"慵"、"疴"诸字太风雅了)。再不然便是傲慢,名士好骂人,所以我来骂人,也可成为名士。诸如此类,不一而足。这都不是好习气。这里大略可分为二派:一名士派,二激昂派。名士派是旧的,激昂派是新的。大概因为文人一身傲骨,自命太高,把做文与做人两事分开,又把孔夫子的道理倒裁,不是行有余力,则以学文,而是既然能文,便可不顾细行。作了两首诗,便自命为诗人,写了两篇文,便自诩为名士。在他自己的心目中,他已不是常人了,他是一个文豪,而且是了不得的文豪,可以不做常人。于是人家剃头,他便留长发,人家纽纽扣,他便开胸膛,人家应该勤谨,他应该疏懒。人家应该守礼,他应该傲慢,这样才成一个名士。自号名士,自号狂生,自号才子,都是这一类人,这样不真在思想上用工夫,在写作上求进步,专学上文人的恶习气,文字怎样好,也无甚足取。况且在真名士,一身潇洒不羁,开口骂人而有天才,是多少可以原谅,虽然我认为真可不必。而在无才的文人,学上这种恶习,只令人作呕。要知道诗人常狂醉,但是狂醉不是诗人,才子常风流,但是风流未必就是才子。李白可以散发泛扁舟,但是散发者未必便是李白。中外名士每每有此种习气,像王尔德一派便是以大红背心炫人的,劳伦斯也主张男人穿红裤子。红背心，红裤子原来都是一种愤世嫉俗的表示，但是我想这都可以不必。文人所以常被人轻视，就是这样装疯，或衣履不整；或约会不照时刻，或办事不认真。但健全的才子，不必靠这些阴阳怪气作点缀。好像头一不剃，诗就会好。胡须生虱子，就自号为王安石。夜夜御女人就自命为纪晓岚。为什么你本来是一个好有礼的人，一旦写两篇文章，出一本文集，就可以对人无礼。为什么你是规规矩矩的子弟，一旦做文人，就可以诽谤长上，这是什么道理？这种地方，小有才的人尤应谨慎，说来说去，都是空架子，一揭穿不值半文钱。其缘由不是他才比人高，实是神经不健全，未受教训，易发脾气。一般也是因为小有才的人，写了两篇诗文，自以为不朽杰作，吟哦自得，"一事惬当，一句清巧，神厉九霄，志凌千载，自吟自赏，不觉更有旁人"。彼辈若能对自己幽默一下，便不会发这神经病。

名士派是旧的，激昂派是新的。这并不是说古昔名士不激昂，是说现代小作家有一特别坏脾气，动辄不是人家得罪他，便是他得罪人家，而由他看来，大半是人家得罪他。再不然，便是他欺侮人家，或人家欺侮他，而由他看来，大半是人家欺侮他。欺侮是文言，白话叫做压迫。牛毛大一件事，便呼天抢地，叫爷叫娘，因为人家无意中得罪他，于是社会是罪恶的，于是中国非亡不可。这也是与名士派一样神经不健全，将来吃苦的，不是万恶的社会，"也不是将亡的中国"！而是这位激昂派的诗人自身。你想这样到处骂人的人，就是文字十分优美，有谁敢用，所以常要弄到失业，然后怨天尤人，诅咒社会。这种人跳下黄浦，也于社会无损。这种人跳下黄浦叫做不幸，拉他起来，叫做罪过。这是"不幸"与"罪过"之不同。毛病在于没受教育，所谓教育，不是说读书，因为他们书读得不少，是说学做人的道理。

所以新青年常犯此种毛病，一因在新旧交流青黄不接之时，青年侮视家长，侮视师傅以为常，没有家教，又没有师教，于是独往独来，天地之间,唯我一人,通常人情世故之 ABC 尚不懂。我可举一极平常的例,有一青年住在一老年作家的楼下,这位老作家不但让他住,还每月给他二十块钱用,后来青年再要向老作家要钱,认为不平等,他说你每月进款有三百元,为什么只给我二十元,于是他咒骂老作家压迫他,甚至做文章骂他,这文章就叫做激昂派的文章。又有一名流到上海,有一青年去见他,这位名流从二时半等到五时,不见他来,五时半接到一封大骂他的信,讥他失约。这也是激昂派的文章。这都是我朋友亲历的事,我个人也常有相同的经验,有的因为投稿不登出来,所以认为我没有人格,欺侮无名作者,所以中国必亡,这习惯要不得的,将来只有贻害自己。大概今日吃苦的商店学徒礼貌都在大学生之上,人情事理也比青年作家通达。所以我们如果有什么机关,还是敢用商店学徒,而不敢用激昂派青年。一个人在世上总得学学做人的道理。以上我说这是因为现代青年在家不敬长上失了家教,另一理由便是所谓现代文学的浪漫潮流,情感都是怒放的,而且印刷便利,刊物增加,于是你也是作家,我也是作家,而且文学都是愤慨,结果把人人都骂倒了,只有剩他一人在负救国之责任,一人国救不了,责任太重,所以言行中也不时露出愤慨之情调,这也是无可如何的,就是所谓乱世之音,并不是说青年一愤慨,世就会乱起来,是说世已乱了,所以难免有哀怨之音。大概何时中国飞机打到东京去,中国战舰猛轰伦敦之时,大家也就有了盛世之风,不至处处互相轻鄙互相对骂出气了。

唯美派

其次,有所谓唯美派,就是所谓"为艺术而艺术",这唯美派的是假的,所以我不把他算为真正一派。西洋穿红背心红裤子之文人,便属此类,我看不出为艺术而艺术有什么道理,虽然也不与主张"为人生而艺术"的人意见相同,不主张唯有宣传主义的文学,才是文学。

世人常说有两种艺术,一为为艺术而艺术,一为为人生而艺术,我却以为只有两种,一为为艺术而艺术,一为为饭碗而艺术。不管你存意为人生不为人生,艺术总跳不出人生的。文学凡是真的,都是反映人生,以人生为题材。要紧是成艺术不成艺术,成文学不成文学。要紧不是阿Q时代过去未过去,而是阿Q写得活灵活现不,写得活灵活现,就是反映人生。《金瓶梅》你说是淫书,但是《金瓶梅》写得逼真,所以自然而然能反映晚明时代的市井无赖及土豪劣绅,先别说他是讽刺非讽刺,但先能入你的心,而成一种力量。白居易是为人生而文学者,他看不起嘲风雪,弄花草的诗文,他自评自己的诗,以讽喻诗及闲适诗为上,且不满意世俗之赏识他的杂律诗《长恨歌》。对讽喻诗,你说是为人生的艺术,是好的,但是他的闲适诗,你以为是消沉放逸,但何尝不是怡养性情有关人生之作?哀思为人生之一部,怡乐亦为人生之一部。白居易有讽喻诗,没有闲适诗,就不成其为白居易。

因为凡文学都反映人生,所以若是真艺术都可以说是反映人生,虽然并不一定呐喊,所以只有真艺术与假艺术之别,就是为艺术而艺术,及为饭碗而艺术。比方照相,有人为照相而照相,有人是为饭碗而照相。为照相而照相是素人,是真得照相之趣,为饭碗而照相,是照相家,是照他人的老婆的相来养自己的老婆。文人走上这路,就未免常要为饭碗而文学,而结果口不从心,只有产生假文学。今天吃甲派的饭,就骂乙派,明天吃乙派的饭,就骂甲派,这叫做想做文人,而不想做人,就是走了陈孔璋之路,也是走上文妓之路。这样的文人,无论你如何开口救国,闭口大众,面孔如何庄严,笔下如何幽默,必使文风日趋于卑下,在救国之喊声中,自己已暴露亡国奴之穷相来。文风卑鄙,文风虚伪,这是真正亡国之音。

论孔子的幽默

孔子自然是幽默的。《论语》一书,很多他的幽默语,因为他脚踏实地,说很多入情入理的话。只惜前人理学气太厚,不曾懂得。他十四年间,游于宋、卫、陈、蔡之间,不如意事,十居八九,总是泰然处之。他有伤世感时的话,在鲁国碰了季桓子、阳货这些人,想到晋国去,又去不成,到了黄河岸上,而有水哉水哉之叹。桓魋一类人,想要害他,孔子"桓魋其如予何"的话,虽然表示自信力甚强,总也是自得自适君子不忧不惧一种气派。为什么他在陈、蔡、汝、颖之间,住得特别久?我就不得而知了。他那安详自适的态度,最明显的例,是在陈绝粮一段。门人都已出怨言了,孔子独弦歌不衰,不改那种安详幽默的态度。他三次问门人:"我们一班人,不三不四,非牛非虎,流落到这田地,为什么呢?"这是我所最爱的一段,也是使我们最佩服孔子的一段。有一次,孔子与门人相失于路上。后来有人在东门找到孔子,说他的相貌,并说他像一条"丧家犬"。孔子听了说:"别的我不知道。至于像一条丧家狗,倒有点像。"

須知孔子是最近人情的。他是恭而安，威而不猛，并不是道貌岸然，冷酷拒人于千里之外。但是到了程、朱诸宋儒的手中，孔子的面目就改了。以道学面孔论孔子，必失了孔子原来的面目。仿佛说，常人所为，圣人必不敢为。殊不知道学宋儒所不敢为，孔子偏偏敢为。如孺悲欲见孔子，孔子假托病不见，或使门房告诉来客说不在家。这也就够了。何以在孺悲犹在门口之时，故意取瑟而歌，使之闻之，这不是太恶作剧吗？这就是活泼泼的孔丘。但这一节，道学家难以解释。朱熹犹能了解，这是孔子深恶而痛绝乡愿的表示。到了崔东壁（述）便不行了。有人盛赞崔东壁的《洙泗考信录》。我读起来，就觉得赞道之心有余，而考证的标准太差。他以为这段必是后人所附会，圣人必不出此。这种看法，离了现代人传记文学的功夫（若 Lytton Strachey 之《维多利亚女王传》那种体会人情的看法）离得太远了。凡遇到孔子活泼泼所为未能完全与道学理想符合，或言宋儒之所不敢言（"老而不死是为贼"），或为宋儒之所不敢为（"举杖叩其胫"，"取瑟而歌，使之闻之"），崔东壁就断定是"圣人必不如此"，而斥为伪作，或后人附会。顾颉刚也曾表示对崔东壁不满处。"他信仰经书和孔孟的气味都嫌太重，糅杂了许多先入为主的成见。"（《古史辨》第一册的长序）

读《论语》，不应该这样读法。《论语》是一本好书，虽然编得太坏，或可说，根本没人敢编过。《论语》一书，有很多孔子的人情味。要明白《论语》的意味，须先明白孔子对门人说的话，很多是燕居闲适的话，老实话，率真话，不打算对外人说的话，脱口而出的话、幽默自得的话，甚至开玩笑的话，及破口骂人的话。

总而言之，《论语》是孔子与门人私下对谈的实录。最可宝贵的，使我们复见孔子的真面目，就是这些半真半假，雍容自得的实录。由这些闲谈实录，可以想见孔子的真性格。

孔子对他的门人，全无架子。不像程颐对哲宗讲学，还要执师生之礼那种臭架子,一定要坐着讲。孔子说:"你们两三位,以为我对你们有什么不好说的吗?我对你们老实没有。我没有一件事不让你们两三位知道。那就是我。"这亲密的情形,就可想见。所以有一次他承认是说笑话而已。孔子到武城,是他的门人子游当城宰。听见家家有念书吟诵的声音,夫子莞尔而笑说:"割鸡焉用牛刀。"子游驳他说:"夫子所教是如此。"("君子学道则爱人,小人学道则易使也。")孔子说:"你们两三位听,阿偃是对的。我刚才说的,是和他开玩笑而已("前言戏之耳")。"

这是孔子燕居与门人对谈的腔调。若做道貌岸然的考证文章,便可说"岂有圣人而戏言乎……不信也……不义也……圣人必不如此,可知其伪也。"你看见过哪一位道学老师,肯对学生说笑话没有?

《论语》通盘这类的口调居多。要这样看法才行。随举几个例:言志之篇,"吾与点也",大家很喜欢,就是因为孔子作近情语,不作门面语。曾皙以为他的"志愿"不在做官,危立于朝廷宗庙之间,他先不好意思说。夫子说:"没有关系,我要听听各人言其志愿而已。"于是曾皙砰訇一声,把瑟放下,立起来说他的志愿。大约以今人的话说来,他说:"三四月间,穿了新衣服到阳明山中正公园。五六个大人,带了六七个小孩子,在公共游泳池游一下,再到附近林下乘凉,一路唱歌回来。"孔子吐一口气说:"阿点,我就要陪你去!"或作"我最同意你的话。"在冉有、公西华说正经话之后,曾皙这么一来放松,就得幽默作用。孔子居然很赏识。

有许多《论语》读者,未能体会这种语调。必须先明白他们师生闲谈的语调,读去才有意思。

"御乎射乎?"章——有人批评孔子说:"孔子真伟大,博学而无所专长。"孔子听见这话说:"教我专长什么?专骑马呢?或专射箭呢?还是专骑马好。"这话真是幽默的口气。我们也只好用幽默假痴呆的口气读他。这哪里是正经话？或以为圣人这话未免杀风景。但是孔子幽默口气，你当真，杀风景的是你，不是孔夫子。

"其然，岂其然乎？"章——孔子问公明贾关于公叔文子这个人怎样，说听见说这位先生不言、不笑、不贪。公明贾说："这是说的人夸大其词。他也有说有笑，只是说笑的正中肯合时，人家不讨厌。"孔子说："这样？真真这样吗？"这种重叠，是《论语》写会话的笔法。

"赐也，非尔所及也"章——子贡很会说话。他说："我不要人家怎样待我，我就不这样待人。"孔子说："阿赐，你说得好容易。我看你做不到。"这又是何等熟人口中的语气。

"空空如也"章——孔子说："你们以为我什么都懂了。我哪里懂什么？有乡下人问我一句话，我就空空洞洞，了无一句话作回答。这边说说，那边说说，再说说不下去了。"

"三嗅而作"章——这章最费解，崔东壁以为伪。其实没有什么。只是孔子嗅到雌鸡作呕不肯吃。这篇见"乡党"，专讲孔子讲究食。有飞鸟在天空翱翔，飞来飞去，又停下来。子路见机说："这只母野鸡，来得正巧。"打下来供献给孔夫子，孔夫子嗅了三嗅，嫌野鸡的气味太腥，就站起来，不吃也罢。原来野鸡要挂起来两三天，才好吃。我们不必在这里寻出什么大道理。

"群居终日"章——孔子说："有些人一天聚在一起，不说一句正经话，又好行小恩惠——真难为他们。""难矣哉"是说亏得他们做得出来。朱熹误解为"将有患难"，就是不懂这"亏得他们"的闲谈语调。因为还有一条，也是一样语调，也是用"难矣哉"更清楚。"一天吃饱饭，什么也不用心。真亏得他们。不是还可以下棋吗？下棋用心思，总比那样无所用心好。"

幽默是这样的，自自然然，在静室对挚友闲谈，一点不肯装腔作势。这是孔子的《论语》。有一次，他说："我总应该找个差事做。吾岂能像一个墙上葫芦,挂着不吃饭?"有一次他说:"出卖啊!出卖啊!我等着有人买我。"("沽之哉,沽哉,我待贾者也。")意思在求贤君能用他,话却不择言而出,不是预备给人听的。但在熟友闲谈中,不至于误会。若认真读他,便失了气味。

孔子骂人也真不少。今之从政者何如,孔子说:"噫,斗筲之人,何足算也。""斗筲"是盛米器,就是说:"那些饭桶,算什么!"骂原壤"老而不死是为贼",骂了不足,还举起棍子,打那蹲在地上的原壤的腿。骂冉求"非吾徒也。小子鸣鼓而攻之。可也"。真真不客气,对门人表示他非常生气,不造成冉求替季氏聚敛。"由也不得其死然。"骂子路不得好死。这些都是例。

孔子真正属于机警(wit)的话,平常读者不注意。最好的,我想是见于《孔子家语》一段。子贡问死者有知乎。孔子说:"等你死了,就知道。"这句话,比答子路"未知生,焉知死"更属于机警一类。"一个人不对自己说,怎么办?""怎么办?我对这种人,真不知道怎么办!"("不曰如之何,如之何者,吾未如之何也已矣")"知之为知之,不知为不知,是知也。"也是这一类。"过而不改,是谓过矣。"相同。"不患人之不己知,求为可知也。"——这句话非常好。就在用知字做文章,所以为机警动人的句子。

总而言之,孔子是个通人,随口应对,都有道理。他脚踏实地,而又出以平淡浅近之语。教人事父母,不但养,还要敬,却说"至于犬马,皆能有养",这不是很唐突吗?"富而可求也,虽执鞭之士,吾亦为之。"就是说"如果成富是求得来的,叫我做马夫赶马车,我也愿意。"都是这派不加修饰的言辞。好在他脚踏实地,所以常有幽默的成分,在其品语中。美国大文豪 Carl Van Doren 对我说,他最欣赏孔子一句话,就是季文子三思而后行。孔子说:"再,斯可矣。"这真正是自然流露的幽默。有点杀风景,想来却是实话。

论笑之可恶

这是在咖啡馆中之一夜。原因是雅西新从法国回来,那天晚饭,听他的叔叔祥甫说到霞飞路咖啡馆之清雅有趣,满口称道。自雅西听来,似乎在说巴黎的咖啡馆不好,有点不服,负气约了他的老同学于君连他的叔叔三人同来的。在祥甫口中,雅西之读者,有点特别,由老于听来似乎就是亚赛。而赛字又似读平声。他在法国留学之时,曾经把他拼写为 Asen Asay Asailles Asaient 四种,尤其最后两种,是他最得意的。但是自从一位法国女郎呼他为 Assez 以后他的同学也就呼他为 Assez,也有的转译为中语,呼他为"够了"。再有人转为文言,呼他为"休矣"。也有留英的学生来游巴黎,呼他为 Isay。但是祥甫因为自小呼惯了,还是呼他为阿赛,而赛字读平声,雅西也莫奈之何,只说他近来回国了,小名实在不大好听,雅西是他的号。然而他的叔叔却仍然认为并无以号呼他侄儿之必要。

他们三人坐在我的靠近一桌上。雅西看见桌上有玻璃面,认为他出洋以后几年中,上海的确进步了,但是他轻易不肯称誉国货。

"你看那女子烫的头发,学什么巴黎,不东不西,实在太幽默了。"

"你也懂幽默这新名词吗?"老于说。

"怎么不懂!在巴黎我也看过几本《论语》……什么东西!中国人哪里懂得幽默!"

祥甫本来也是道学。他一向也反对幽默。但是他反对的不是滑稽,是反对幽默这西洋名词,尤其反对"论语"两字,被现代人拿来当做刊物名称。他说滑稽荒唐是无妨的,文人偶尔做点游戏文字当做消遣,是无妨的。滑稽又要说正经话，又庄又谐，他是反对的。他说比方一人要嫖就得到外头云浮嫖，跟自己太太还好亲吻非礼吗？你想家呢。他在家中非常严肃正经，浪漫时家中小子是看不见的。所以他向来看《论语》，在家中也是板起脸孔看的，越看越怒，虽然越怒越看。《论语》一向就是被这派义愤填胸"怒着"的人买完了；老于之辈常是买不到的，他反而要替国货说两句好话了，因为雅西虽然留过学，在他仍然是亚赛而已，而赛字是读平声。

"《论语》怎么不好？"祥甫说。

这是祥甫老伯是赞成幽默，而雅西反而成道学；这种营垒有点特别。

"像《拉微巴黎仙》才是幽默，才让你笑得不可开交。"——这时我正在看一本《拉微巴黎仙》上的图，一双女人大腿放在面团团富贾的便便大腹上——"那是那样微妙的、轻松的拉丁民族的笑。就如这咖啡馆，叫你坐不上快活。我在巴黎时，在咖啡馆，一坐就可以坐半天。也不知怎么，叫你觉得在拉丁胡子之下露齿一笑是应该的。我们中国人胡子就留得不好。中国人的笑也是可恶的。"

祥甫是有胡子的，听到此话，猛然撇他一眼。老于看见情形不妙，赶紧用话岔开。

"雅西，巴黎我是没有见过的，霞飞路上法国胡子，我却看过不少，这也不可概乎言之。我倒不觉得怎样。笑一笑，也不见得西洋便怎样高明，中国便怎样可恶。《论语》二十八期也译过一篇不知谁做的《学究与贼》，看来还不同《笑林广记》一样。你们一塌括子道学而已。"

"你记错了。那是三十期《论语》上登过的，不是二十八期吧？"刚从法国留学回来之雅西说，"我是由欧洲回来在法国邮船公司博德士船上读到的。"

"你们都不是，《学究与贼》是二十六期，十月一日出版的。那日我正有事到无锡去,在车上买到的,明明是十月一日,我还能记错吗?"祥甫老伯说。

我饮了一大杯咖啡而去。心里想着二十八?二十六?三十?实在记不清,况且二十六期是否十月一日出版,也不甚了了。回到家中,找存书,遍翻不得,二十七至三十期皆有,都不见有那篇《学究与贼》。偏偏二十六期缺了。打电话问时代公司,请即刻派人送一本二十六期来。时代的人慌忙,以为二十六期出了什么祸。我说:"没有什么,我神经错乱而已,反对的人都把期目记清了,我反正记不得。但愿天下都反对幽默。"

"什么?!"是电话上惊慌的来声。

"即刻把二十六期差人寄来。"我戛然把电话挂上。

论恶性读书

记得一本小书有个笑话,说有个暴发户,买了一所新居。朋友送他礼物为贺,有送金鱼的,也有送白鹤的,作为家园点缀。过了几天,这位土豪见他的朋友,谢他送礼的好意说:"你送来那对金鱼,颜色很好看,可是吃起来,其味平平。"又对送鹤的朋友说:"这种野禽,清炖总是有点腥气,还是红烧为妙。"焚琴煮鹤,是古已有之。但是尝金鱼肉,却实异想天开。我以无名之,故名之为恶性吃鱼(故事未查原书,或有记错)。

恶性读书,等于恶性吃金鱼,而其起因,是源于恶性考试。考试本来有其用处。譬如公司雇用人员修理机器,自必考验其技术,文官录用也必考验其学力,这自不必说。但是为考试而读书,便成恶性读书。听说台湾留美的教育专家非常多,考试名目非常繁,分组非常细,计分非常精,配合非常密。有这么多的教育专家,这样用心研究,才造成今日这样上下配合无微不至的考试制度,成为教育制度的中心。有这样无与伦比的考试制度,才有今日无与伦比的恶性读书。鹤肉清炖也好,红烧也好,总与养鹤旨趣相去甚远,那么那些煮鹤专家,所为何事?

恶性考试艺术就是煮鹤艺术。可惜被煮的是我们男女青年,所以我于心不甘,想要说几句良心话。

煮鹤艺术也有精通富有经验的专家,但是我都不感兴趣,因为这是与养鹤情趣完全相反的。而且劝诸位专家,勿太自鸣得意,因为,这会影响于学生读书的情趣。有这种恶性考试,必然生出恶性读书。

什么叫做恶性读书?恶性读书有三恶,即恶阴平、恶去声及恶入声。凡恶性读书、恶性考试、恶性教学、恶性出题、必有两大前提:

第一前提最重要,是恶去声。凡是书都可恶,而凡学生必定恶读书,绝不会有学生好读书一回事。学生必定是恨书本,不强迫不读,不督责不读,不考试不读,而根本不会读,不想读。这是第一大前提。所以教师对学生的态度,是严阵以待,要盘查,要究诘,要故意非难,要缉私防弊,其中便成师生对峙的形势,略与缉私与走私之阵势相同。教师若肯时时检查,日日盘究,即可使这些本来恶读书的学生不得不好好呆读,而得优良的成绩,这样的学校就是优良的学校,这样的教师就是优良的教师。有时我觉得缉私与走私旗鼓相当,教师未必全赢,学生未必全败。煮鹤专家又生恐有漏网之鱼,逸飞之鹤,或逃到屏东,或飞去淡水,这样制度犹有缺憾,不够精密。若置设联考制度,布个天罗地网,一网打尽,不怕你青年学子能逃乎天地之间。所以,这制度是非常周密,非常令人满意的。

第二是天下的书都是恶处(入声),好书也可以寻出恶处来。这一点,非常重要,是考试制度之基础。天下的杰作都是精彩处,也有欠精彩处,笔力不到处,议论平常处,无关紧要处。能抓到这些无关重要处,恶劣无聊处,就可做考试的题目。于是考试的技术日益精良,而成为恶性出题。据中外教育家的经验,天下的学问可考的是名物年月,不可考的意会而不可言传的领悟。譬如,中国小姐,世界小姐,可考的是腰围尺寸,不可考的是不可捉摸的声音笑貌。考试学问也是一样。比方你要学生赏识《清明上河图》是可以的,要考你的欣赏是没有法子的。但是教师自可另想方法,考试《清明上河图》人物数目,骡车几辆,马匹多少。假定《清明上河图》人物是三千七百八十五,马匹是一百三十五,大船是四艘,风筝是两个,这就有法可考了。假定学生真能这样硬念硬记下去,便可说是考试优等,他就是好学生。在这图上,要依据迷藏的用意,点出这图上极难找东西(有人出恭否,妇人穿红裤绿裤的各有多少)这种题目,非常便利考试,愈能压倒学生,愈可证明教师高明。世上学问就如一幅《清明上河图》,可令人心旷神怡,但是能找出其恶处,无关紧要处,考问学生,教师的责任就完了。

教育为考试,考试为升学,我真不知道哪里搬来这样的教育制度。记问之学不足为人师,但是能教记问之学就是今日之良师。这是恶乎可(阴平)的良师,恶乎可的教育。

考试分数不可靠

我向来反对分数,认为不足以代表学生真正的学力,虽然同时认为此非注重个人教育之学制,分数是不能避免的。唯我认为真正学力的考试可凭论文,由论文可以看出一学生文学、学问及思想之进步。我的理由很简单,一人的学问是花树式的,逐渐滋长的,不是积木式,偶然堆放而成的。一人的思想学问,是由动了灵机,继续发育其本性,对事对物渐渐得一种见解,故是一贯的,整个的。故凭其论文,便可知他思想教育的程度。各人有各人之本性,趣味,故各人有各人发育之过程,或偏此偏彼,不能勉强。在现今完全忽略学生个性整个发展的教育,教育家认为各人读同页数的书,答同样的问,将一科一科知识灌注学生脑中便可成为学人,故只须分科考试其强记的知识,便足看出一人的学问。谁也知道,这种考试出来的学问是强记而不生根的。既然不生根,当然无用。

考试之分数,也不一定是标准的。西洋教育家早已知道。一级中两班学生受两位教员定分数,结果每每不同。也有人反对百分制,认为这是无意义。这百分制作一绝对的假定,以学生所答与问题之正确答语相比。真正的学分应该是比较的,只能将一班的考卷就学生与学生相比。一百人中总有五十人是"中才",他们的平均答案,才可为标准,其余的二十人比平均好为"上等",二十人比平均坏为"下等",又约有五人为"上上"五人为"下下"。假如某次考试全班多半得四十分,便是四十分及格。所以说这些话,不过叫大家知道百分制不是"天经地义的"。

假如我做教员,只有两条路可走。倘使我只在大学讲堂演讲,一班五六十个学生,多半见面而不知名,少半连面都认不得,到了学期终叫我出十个考题给他们考,而凭这十个考题,定他们及格不及格,打死我我也不肯。因为如果"及格"是说某生十个答案答得好,可以;若说某生某门学问真懂了,我没有这样傻。第二条路,假如我与诸生有朝夕接近的机会,常常谈谈学问、书本,到了学期终,我的评分没有什么八十七、七十八,大概某生"不错",某生"过得去",某生"肯用功",某生"杂书看得不少",某生"不行",某生"的确好",某生"文字好,思想差一点",某生有"奇气"。这些考语是有意义的,至少比"某生历史八十七点五"有意义。但是要叫我把这些考语，改为"甲，乙，丙"我改不来，通共有几种，我也莫名其妙，大概随时看人而定。所谓"看人而定"是说人有个性，不能变为一个甲等生，乙等生，或是九十分生，八十分生。至于这考语写在哪里，我想没有关系，有古雅信笺时写在古雅信笺；无古雅信笺时就写在草纸、信封背上……

今天看见外报一段新闻，使我欢喜，证明我的意见不错。英国新出一本小册，名为《考试之考试》（An Examination of Examinations），这是一个教育委员会实验考试制度的报告。委员是有名的大学教授及教育家如 Graham Wallas 等。考试的是利用英国公学同一套的真正考卷，先后分与各不同的专家去评分，看他们评出及格不及格的成绩比较如何。最可惊异的是历史毕业考试的试卷。试验的结果是：把十五张考卷给十四位经验丰富的教员评分，结果有四十种不同的分等。再使这几位阅卷人隔十二月至十九月之后，重新评同一考卷的分数，他们自己先后不同，其二百零十张考卷中，"及格"、"不及格"及"优等"的分配，有九十二张前后不同。不及格的变为及格，及格的变为不及格。所以这报告的结论是："很明显的，这种的考试不能叫人放心。"又说："依据现此制度，颁给许多人所赖为终身职业的毕业证书时，取与不取之决定中，含有极大的'侥幸'成分"。……有许多人应该取得毕业证而误为落第，有人不应取得证书反偶然取了。

其实以前科举何尝不这样，所以"房师"的恩德实在不小。这报告也认为在现此制度之下，考试不能避免。不过能打破分数的迷信，不要奉为圭臬，就是学问上见解上的一种进步。

国语

自从我发表《整理汉字草案》一文以后，引起几篇讨论的文章。讨论是好的，我最赞成陈香一文中的几句话："整理字汇（单字）是一项吃力不讨好的工作，所以没人尝试。……为了后一代的便利接受与运用，为了不再空喊'国文程度低落'，为了确保我们的传统瑰宝和国家民族的久远光荣，这项工作实在无理由不做，也绝对不容许我们这一代不做。"整理汉字是有迫切需要的，是应当做的。

大概所见几篇文章都是造成整理，并认为政府应该促成此事。有一两篇于整理之外，讨论连带问题，牵涉中国国语"文学"及单音节、双音节的词语问题。这些问题太大太宽，此地不拟讨论。但我觉得，此后关于词典及字原学的工作，须用西洋语言学方法做去。如久道提出"义基"（各字意义所从出的字原）一层，凭据臆测，并非合于科学办法。如所举"酉"字下"如酒醋酱醉醒配等字，均须有成熟的一段过程"，认为"成熟"是诸字的"义根"。其实酉是部首，不是义根，凡酒酱之类从酉，如凡水之类从水。又谓"壮字的音基中，有庄、装二字。艹壮的地方始可成为农庄或田庄。壮士之衣服称为服装或装备。当年的人出远门，大概是很雄壮的事，因此称为征途，既曰征途，所以亦要说行装"。这不是语言学，是走上了刘熙《释名》的路。何以故？方法不严密，论断多推测语而已。朱骏声《说文通训定声》也做过同样工作，但是已较有系统。这不是说古字没有通训，是说艹"壮"而后可为"田庄"，是一百分臆测之词；且因为欲"壮"行色而后称衣服行李为"壮"备，是完全越出科学范围。以前有西洋教士，说古"卿"字，与英文 king 同原，中文"路"字，与英文

road, route 音同义同, 欲借此以证明古代中外语言相通。那么, 好色的色, 也正与英文 sex 相符。这是不科学的工作。凡是科学, 你可证其必有, 也得让人证其必无。其中, 有无正反, 都很有法参考复勘。到了可有可无, 他人无法证其有无, 方法上已经错误了。这样是是非非, 各是其所是, 而非其所非, 是无从争辩的, 不如勿辩。说古某字与某字通, 是可以证明的, 可以引经据典为凭证。但是清朝汉学家做到相当程度, 于字形变迁及文字通用都有根据, 而于声韵通转, 便常常笼统附会。外国字原学是靠音韵为基础, 外国语音韵史的声变一条一条, 何时何地发现, 都有过详细审慎地考据辨难, 然后归论何字出于何源, 都是凿凿有据的。字源学(Etymology)本是最难的事, 中国音韵声变尚未有条理地考据, 所以字形之演变已有基础, 字音之转变就待将来。

陈香先生文中, 指出"这一代"及"后代"的话, 使我想到这一代人对于国语的整理, 已经做了不少工作, 打下一个科学的基础, 有足称述的。以后我们只要继续进行, 有条理有系统地整理。这过去的整理国语, 大概有两方面, 一是统一国语及注音工作; 二是收集白话词语的工作。像汪怡(一庵)的《国语词典》, 张相(献之)的《诗词曲语辞汇释》及陆澹安的《小说词语汇释》, 都是值得表彰一下。

国语统一及注音符号成立之经过, 大家比较清楚。这不能不承认是这一代人可以告无罪的地方。自从 1912 年读音统一会成立, 通过注音字母; 民国七年政府颁布; 1919 年国语统一筹备会成立; 十七年国语罗马字颁布; 1935 年仿宋汉字注音铜模出现——是一几经考虑有条理的工作, 逐渐完成。这是吴敬恒诸人二十年间继续不停的基础工作。到了 1932 年《国音常用字汇》出版, 然后读音统一及注音问题, 立定一个准则, 告了一个段落。其中, 注音字母之增减, 京音及长江流域中入声字的问题, 曾经过专家十几年的争辩, 然后决定。这是很好的成绩, 由混乱复杂, 走到划一简便的阶段。

其次,对于收集研究国语的词汇,也已经有很可观的成就。因为,提倡白话为行文的国语,所以国语的宝藏也应有人去收集。这一部分工作,有人已用毕生精力做到,这就是汪一庵先生的《国语词典》。这部词典,可以无愧称为开山之作,不是平常因仍抄袭前人作品的辞书可比,所以,应特别表彰出来。我个人可称他为伟大。有了这部词典,然后我们可以说,中国国语,流行的白话,及以往白话文学中(小说、词曲)所用的词汇,已经有相当满意的记录,已经有人细心探讨、排比、分析、归结、编纂起来。这就是我所谓国语的宝藏,也是汪先生毕生精力寄存所在,我们真应该谢谢他。其范围非常广,引据出处,自《左传》《国语》《史记》《汉书》至宋朝《京本通俗小说》《元曲》《红楼梦》《水浒》《儿女英雄传》《儒林外史》《警世通言》《朱子语录》等,都经过爬梳的工夫。用工之勤,工作之大,叫我们佩服。其下定义,也重新写定。他又是京音专家,与读音统一会、国语统一筹备会相终始,所以所记国音,尤为确切允当。例如,"百"字何处读为ㄅㄛ(百衲、百忍),何处读为ㄅㄞ(百分率、百无禁忌),何处可两读都记得清清楚楚。"看"字何处读平声(看门、看管);教书之教读平声,教授读去声都是确据京音读法。无论你造成京音标准与否,都可以称为实地记录。况且政府既已明定国音标准,这《国语词典》依照这标准做去,我们才知道各字及各词的国音标准。这是合理的,有连续性的工作。

这部词典,名为中国大词典编纂处所编,实际上负起责任的是汪一庵先生(1945年至1960年)。这个人是功成不居的,所以特别可以佩服。他为人温柔忠厚,不求闻达。自从1931年至1945年,十五年中,埋头静心苦干。(第一册1937年出版,至三十四年第四册出版,完成巨著)我在1925、1926年间,国语罗马字开会时认识他。当时有赵元任、钱玄同、黎锦熙在座。他在开会时也不大发言,是矜重老成一派。关于汪先生的一生工作,词典外,还有速记术及诗词等。

于搜罗研究白话文学所用的词语方面，还用两部。一是陆澹安的《小说词语汇释》，是专收明清六十四种小说的白话词语，并及元明戏曲的宾白。在方法上及成就上使我最佩服的，是张相（1877 年至 1945 年）的《诗词曲语辞汇释》。他的范围是诗、词及曲文三种。自然曲文中更多古代白话材料。这书尤注意虚字用法，于研究历史方法甚有用处。他的方法完全是用归纳法，例如《经传释词》或如俞曲园的考据，又是十分谨慎精细，可以增加我们对于元曲宋词的了解。这也是一人"十余年精力所萃"的杰作（见钟毓龙序），繁征博引，既详且尽，教你没法不佩服，也没法不赞同。平平常常的字面，如"则"、"不则"、"则甚"、"则剧"及"旋"、"渐"、"怎生"等虚字，都用极丰富的引例及上下文，来证明他的用法。原书俱在，兹不赘。古人是没有福气看这本奇书的。

再《国语辞典》这样好的有用的书，初版纸张印刷。坏得不堪。理应从速从新排印，缩小为洋装一厚册，以便学生及一般人购置。

论色即是空

我们山居，窗外所见的是竹篱茅舍，廊外所见的是稻田菜畦，满目苍苍横翠微，饱享眼福，自然身心愉快。半夜蛙声呱呱，破晓邻舍鸡鸣，觉得这都是应该的，自然的。城居高楼大厦，离地甚远，又水泥大道，全无曲折，宇宙文章，已不复见，白云苍狗，偶尔一瞥而已。想来少年青松白石之盟，至今始遂心愿。我就不相信，这苍绿一片山阴滴翠的景色，就是空空。

近阅报载，洛杉矶某少年，因吃新近驰名的灵感药，名 LSD，觉得四大皆空，正如佛家所言空即是色，色即是空。那药实在灵，于是少年横立大街中,看对面汽车来,只当幻影视之,原来色即是空,乃被车轧死。据报载,美国政府的药物管理局称,美国大学生,估量有几万人曾经或是常服这灵感药。好莱坞和纽约百老汇的戏业董事人,戏剧批评家三位同意,电影及戏台的演员,有六成常服这药。所谓灵感药,就是因神经受了某种的刺激,特别敏感,如醉如痴,如眼前景物,忽变为灿烂世界,红的、绿的、黄的、蓝的,各色异样鲜明,像万花筒,变幻无已。同时精神特别兴奋,或者翱翔天空,或者掠水走过,都不算一回事。因此平常人也有好奇心,偶然尝试一下,倒不一定成瘾。美国医药管理局,因为这药对于心理病态的研究有正当用途,所以也反对完全禁用。

现在美国人说起 LSD,如 DDT(灭虫剂)一样,大家知道。LSD 即 Lysergic Acid Dithylamide 之简,是取某种菌炼成的。以前希腊诗人荷马记载,也有解忧酒 Nepenthe,吃了可与神仙为友,荷马书中又有"吃莲子者"Lotus Eaters,舟到那岛上,吃过都乐而忘返。这正与古书所谓不吃人间烟火相同。至今西文称远东人的雅号,亦称为"吃莲子者"。近代 Lafcardio Hearn 专讲日本文化最常用,前三四年 Arthur Koestier 漫游日本、印度,书名即"The Lotus And The Robot"最引起普通读者注意的,是赫胥黎(Aldous Huxley)"The Doors of Perception"《妙见之门》一书,1954 年出版,专讲吃这种药的人的经验。赫胥黎氏即以前多玛•赫胥黎(赞助达尔文而著《天演论》的作者)之孙。他的哥哥 Julian 柔利安,就是联合国教科文组织 UNESCO 的创办人及第一任干事。所以这位已故的文豪,我于 1948 年在巴黎会过。Aldous 注意印度运气摄生之法,因及这些事超乎寻常敏觉的经验。但他所试的,是墨西哥印第安人的 Mescaline(也是特种仙人掌所取出的),而 LSD 的效力却比 Mescaline 高七千倍,服了可忘却一切烦恼,看破俗见,神游太虚,直上青天。但是吃了发疯似的也有。

这种经验,自然与佛法禅那"色即是空"的猛悟相关,亦与各宗教克服物欲,克服肉身,以理与欲相对,灵与肉相对的态度不无关系,方法也有相同之处。中世纪天主教僧院也有长期禁食,长期念经,长期思维(静坐),鞭肉,及穿发衫自苦其肉身的办法,以得到某种的超凡默示,如同佛家以禅定,穿"粪扫衣"及达摩面壁九年,以求证道,修得认识宇宙皆空之理。这都是克服物欲以得神感的特殊办法。这些以理与欲相对,灵与肉相对的宗教看法,我都不赞成。戴东原在《原善》及《孟子字义疏证》专讥宋儒误解孟子,别孟子性善之性为二类,气禀归人,理义归天,说到理,"如有物焉"(像煞有介事),所以"宋以来之言理欲也,徒以正邪之辨而已"。赫胥黎说,这些以苦楚肉身达到超凡境界的办法,现在都不必了,因为所需要的是"得到超凡入圣的某种化学元素而已"。

〔以上一些材料,可以详见于最近 6 月 17 日 《时代周报》(Time Newsmagazine)。〕

原来"色即是空,空即是色"是科学?无可訾议。英国科学家 A. S. Eddington"The Nature of The Physical World"所言最详。我们所见所触的杯盘桌椅,无一非空,只是原子结合而成,而原子中间电子绕中心,亦如日会行星绕日之太空。西方哲学家 Hume Berkeley 以至康德所言,与佛经形而上学的论证无异。也可以说释迦所见,远在康德之前。佛教哲学之所以令学人看得起,就是这辟妄见的论证。只不该因此而求寂灭,度脱轮回的无边苦海。佛家的道理可以一言蔽之,就是"可怜的人生"何苦来?苏东坡何尝不知道色即是空?《赤壁赋》说:"惟江上之清风与山间之明月,耳得之而为声,目遇之而成色。"耳得为声,目遇成色,即声色乃我所见,非目无色,非耳无声,声色在我不在彼。所见声色,非本来面目,非康德所谓 Das Ding an Sich 也。但是我所见之声色,"取之不尽,用之不竭,是造物者之无尽藏,而吾与子所共适"。林子亦愿与东坡共适之,不要像释氏那样悲观吧。

尝阅陈继儒《岭栖幽事》论释氏白骨观法。我想靠这些人生观求解脱,未免太惨了。"白骨观法:想右脚大趾烂流恶水,渐渐至胫至膝至腰。左脚亦如此。渐渐烂过腰至腹至胸,以至颈顶皆烂了,唯有白骨。须分明历历观看,白骨一一尽见。静心观看良久,乃思观骨者是谁,白骨是谁。是知身体与我常为二物矣。又渐渐离白骨观看,先离一丈,以至五十丈,乃至百丈千丈,是知白骨与我不相干也。常作此想,则我与形骸本为二物,我转寄于形骸中,岂真谓此形骸终久不坏,而我常住其中?如此便可齐死生矣。"据说服 LSD 亦常可以齐生死,一彭殇。生命虽无常,我不愿意禅定,也不愿意超度了。

此文可为"论色"第一篇,亦可名为"论色相"。今日"色"字,普通指"女人"。"寡人有疾,寡人好色,"就是作"我有小毛病,我好女人"讲。这是男子的看法,男子不是没有色相的。在女人看来,这话说去就长了。但是人生处世,不可不把"理、性、色、情、欲"诸字弄清楚。

林语堂

第五篇

一生矛盾说不尽

四十自叙

我生今年已四十，
半似狂生半腐儒。
一生矛盾说不尽，
心灵解剖迹糊涂。
读书最喜在河畔，
行文专赖淡巴菰。
卸下洋装留革履，
洋宅窗前梅二株。
生来原喜老百姓，
偏憎人家说普罗。
人亦要做钱亦爱，
踯躅街头说隐居。
立志出身扬耶道，
识得中奥废半途。
尼溪尚难樊笼我，
何况西洋马克思。
出入耶孔道缘浅，
唯学孟丹我先师。
总因看破因明法，
学张学李我皆辞。
喜则狂跳怒则嗔，

不懂吠犬与鸣驴。
掣绦咕笼悲同类，
还我林中乐自如。
论语办来已两载，
笑话一堆当揶揄。
胆小只评前年事，
才疏偏学说胡卢。
近来识得袁宏道，
喜从中来乱狂呼。
宛似山中遇高士，
把其袂兮携其裾。
又似吉茨读荷马，
五老峰上见鄱湖。
从此境界又一新，
行文把笔更自如。
时人笑我真聩聩，
我心爱焉复奚辞。
我本龙溪村家子，
环山接天号东湖。
十尖石起时入梦，
为学养性全在兹。
六岁读书好写作，
为文意多笔不符。
师批大蛇过田陌，
我对蚯蚓渡沙漠。
八岁偷做新课本，

一页文字一页图。

收藏生怕他人见，

姐姐告人抢来撕。

十岁离乡入新学，

别母时哭返狂呼。

西溪夜月五篷里，

年年此路最堪娱。

十八来沪入约翰，

心好英文弃经书。

线装从此不入目，

毛笔提来指腕愚。

出洋哈佛攻文学，

为说图书三里余。

抿嘴坐看白璧德，

开棺怒打老卢苏。

经济中绝走德国，

莱比锡城识清儒。

始知江戴与段孔，

等韵发音界尽除。

复知四库有提要，

经解借自柏林都。

回国中文半瓶醋，

乱写了吗与之乎。

幽默拉来人始识，

音韵踢开学渐疏。

而今行年虽四十，

尚喜未沦士大夫。

一点童心犹未灭，

半丝白鬓尚且无。

《四十自叙》诗是我于民国二十三年 9 月 16 日《论语半月刊》发表的。此诗作于 1934 年，实 39 岁时所作，强名四十，乃中国算法。诗中初言"一生矛盾说不尽"，亦耶亦孔，半东半西。所谓"卸下洋装留革履，洋宅窗前梅二株"，即去其所当去，留其所当留意义，不外自叙对联中"两脚踏东西文化，一心评宇宙文章"的意思。"尼溪"即尼采，我少时所好，犹不能为所笼络，何况马克思。"孟丹"即法国 Montaigne，以小品论文胜。此人似工仲任。《论衡》一书亦非儒亦非老，所言皆个人见地，与孟丹相同。孟丹所以可传不朽者以此。大概文主性灵之作家皆系如此，即"掣绦啮笼"还我自由之意。故乐于提倡袁中郎，《论语半月刊》所做文章，提倡袁中郎的很多。"会心的微笑"亦语出袁中郎。

第二段叙少时在龙溪平和县间，享受西溪之美，山林之乐。家住坂仔（号东湖），环顾高山峻岭，日与云霞为友。此后皆看不起平地之摩天屋。城市居民之"平地感"与我的"高山感"格格不入，所以说"为学养性全在兹"，"兹"指坂仔高山，梦寐不能忘也。次叙入上海圣约翰大学，放弃毛笔，以自来水笔代之，与英文结不解缘，心好之甚。此段恋爱，至今不懈。然因此旧学荒废，少时自看袁了凡《纲鉴易知录》，看到秦汉之交，一入约翰，截然中止。羞耻，羞耻！以后自己念中文，皆由耻字出发，即所谓知耻近乎勇。以一个教会学校出身之人，英文呱呱叫，一到北平，怎么会不自觉形秽？知耻了有什么办法？只好拼命看中文，看一本最好的白话文学（《红楼梦》），又已做教师，不好意思到处问人，只在琉璃厂书肆中乱攒。什么书是名著，杜诗谁家注最好，常山旧书铺伙计口中听来。这是不是不愤不启，我不知道，但确含有愤意，愤我在教会学校给我那种不重中文的教育。耶教《圣经》中约书亚的喇叭吹倒耶利哥城墙我知道了,而孟姜女的泪哭倒长城我反不大清楚。怎么不羞?怎么不愤?所以这一气把中文赶上。自然学问无穷,到了留学德国,才看到《皇清经解》,就在音韵学钻。但又不能固守一门一科的学问,故又"踢开"音韵专门之学,而专文学著作。白璧德即哈佛教授(Irving Babbit),我与吴宓(雨僧)、娄光来共坐一条板凳听白教授将近代欧洲文明归罪于卢梭之浪漫主义。吴、娄后在南京办《学衡》,就是传布白教授之思想及文学批评,梅光迪也是白氏的门下。但我仍不能受白氏之笼络,而偏向于意大利之克罗遮(Groce),这也是主性灵一贯所致。

论政治病

曲斋老人解"父母唯其疾之忧",说要人常患政治病,病就是下台,所以做父母的每引为忧。我想政治病,虽不可常有,亦不可全无。姑把我的意见,写下来如左。

我近来常常感觉,平均而论,在任何时代,中国的政府里头的血亏、胃滞、精神衰弱、骨节酸软、多愁善病者,总比任何其他人类团体多,病院,疗养院除外。

自袁世凯之脚气,至孙中山之肝癌,以及较小的人物所有外内骨皮花柳等科的毛病合起来,几乎可充塞任何新式医院,科科住满,门门齐备了。在要人下野电文中比较常见的,我们可以指出:脑部软化、血管硬化、胃弱、脾亏、肝胆生石、尿道不通、牙蛀、口臭、眼红、鼻流、耳鸣、心悸、脉跳、背痈、胸痛、盲肠炎、副睾丸炎、糖尿、便闭、痔漏、肺痨、肾亏、喇叭管炎……还有更文雅的,如厌世、信佛、思反初服、增进学问、出洋念书、想妈妈等(毛病就在古文的不是,"养疴"二字若不是那样风雅,就很少人要生病了)⋯⋯总之,人间世上可有之病,五官脏腑可反之常,应有尽有了。只有妇科不大有。其理由是中国女子上台下台者尚少,不然一定子宫下坠,卵巢左倾等,也都不至无人过问了。同时一人可以兼有数病,而精神衰弱必与焉。

我已说过,政治病虽不可常有,亦不可全无。各人支配一二种,时到自有用处。凡上台的人,都得先自打算一下:我是要选哪一种呢?病有了,上台后,就有恃无恐,说话声音可以放响亮些。比方你是海军总长,而想提出一扩充海军增加预算的议案在阁议上通过,你若没有膀胱炎或是失眠症,那个预算便十之八九没有通过的希望。假定你膀胱不能发炎,而财政部长却能血管硬化,(血压太高)他便占优势,而你立下风了。财政部长要对你说:"在这国帑空虚民穷财尽之时,你若坚持增加预算,我只好血压增高而辞职了。"那时你有什么办法?但假使你有膀胱发炎,你便有法宝在身了。你说:"你真不给我钱,我膀胱就得发炎了。"这样旗鼓相当,财政部长遂亦无话可说。此时行政院长若有看我点机智,他必拉你在旁附耳说:"老兄,你也不必这样坚持,财某的脾气是你所晓得的。我上回风湿都压不住他。他说要血压高,就一定血压高起来,在这外攻内患之时,大家应当精诚团结才好。所以兄弟说,你也不必坚持膀胱发炎了。改为失眠何如?你到汤山静养几天,而我也劝劝财某血压不要一定高,改为感冒,和衷共济,大事化为小事,小事化为无事,不就得了吗?"不一会儿,你已经驱车直出和平门,在汤山的路上了,而那海军预算提案也正在作宰予的昼寝。

我并非说,我们的要人的病都是假的。患痔漏的要人,委实痔漏,怔忡症的政客也委实怔忡。我知道阎锡山真正患过长期痢疾,那是阿米巴作祟。社会已经默认痢疾是阎先生的专门了,而我并不反对。同样的,冯玉祥上泰山时,也真正有咳嗽。我们所要指出的是,凡要人都应该有相当的病菌蕴伏着，可为不时之需，下野时才有货真价实的病症及医生的证书可以昭示记者。假定我做官，我不想发糖尿，尿而可糖，未免太笑话，西医的话本来就靠不住。大概肠胃中任何症都使得。我打算要有一个完全暴弃的脾胃及颓唐委靡的神经。

我所以取消化病者，有以下的理由。做了官，这种病必定会发的，而且也合乎"吾从众"的古训。自然，我此刻有十分健全的脾胃，除了橡皮鞋以外，咽得下去的保管消化得来。但是无论你先天赋予的脾胃怎样好，也经不起官场酬应中的糟蹋。我知道，做了官就不吃早饭，却有两顿中饭，及三四顿夜饭的饭局。平均起来，大约每星期有十四顿中饭，及廿四顿夜饭的酒席。知道此，就明白官场中肝病胃病肾病何以会这样风行一时。所以，政客食量减少消化欠佳绝不稀奇。我相信凡官僚都贪食无厌；他们应该用来处理国事的精血，都挪起消化燕窝鱼翅肥鸭焖鸡了。据我看，除非有人肯步黄伯樵、冯玉祥的后尘，减少碗菜，中国政客永不会有精神对付国事的。我总不相信，一位饮食积滞消化欠良的官僚会怎样热心办公救国救民的。他们过那种生活，肝胃若不起了变化，不是奇事。我意思不过劝劝他们懂一点卫生常识，并提醒他们，肾部操劳过甚，是不利于清爽的头脑的。有人说谭延闿满腹经纶，我却说他满腹燕窝鱼翅。谭公为什么死啊？

闲话不提，总而言之，我们政府中比世界任何政府中较多闭结、脚气、肺痨、痔漏、神经衰弱、肚肠传染、膀胱发炎、肾部过劳、脾胃亏损、肝部生癌、血管硬化。脑汁糊涂的人物，人人在鞠躬尽瘁为国捐躯带病办公，人人皮包里公文中夹杂一张医生验证书，等待相当时机，人人将此病症书昭示记者赶夜车来沪进沪西上海疗养院"养疴"去。疗养院的外国医生哪里知道，那早经传染的脏腑及富于微菌的尿道，是他们政治上斗争的武器及失败后撒娇的仙方。

脸与法治

中国人的脸，不但可以洗，可以刮，并且可以丢，可以赏，可以争，可以留，有时好像争脸是人生的第一要义，甚至倾家荡产而为之，也不为过。在好的方面讲，这就是中国人之平等主义，无论何人总须替对方留一点脸面，莫为已甚。这虽然有几分知道天道还好，带点聪明的用意，到底是一种和平忠厚的精神。在不好的方面，就是脸太不平等，或有或无，有脸者固然极乐荣耀，可以超脱法律，特蒙优待。而无脸者则未免要处处感觉政府之威信与法律之尊严。所以据我们观察，中国若要真正平等法治，不如大家丢脸。脸一丢，法治自会实现，中国自会富强。譬如坐汽车，按照市章，常人只许开到三十五英里速度，部长贵人便须开到五十六十英里，才算有脸。万一轧死人，巡警走上来，贵人腰包掏出一张名片，优游而去，这时的脸便更涨大。倘若巡警不识好歹，硬不放走，贵人开口一骂："不识你的老子"，喝叫车夫开行，于是脸更涨大。若有真傻的巡警，动手把车夫扣留，贵人愤愤回去，电话一打警察局长，半小时内车夫即刻放回，巡警即刻免职，局长亲来诣府道歉，这时贵人的脸，真大的不可形容了。

不过我有时觉得与有脸的人同车同舟同飞艇，颇有危险，不如与无脸的人同车同舟方便。比如前年就有丘八的脸太大，不听船中买办吩咐，一定要享在满载硫黄之厢房抽烟之荣耀。买办怕丘八问他识得不识得"你的老子"，便就屈服，将脸赏给丘八。后来结果，这只长江轮船便付之一炬。丘八固然保全其脸面，却不能保全其焦烂之尸身。又如某年上海市长坐飞机，也是脸面太大，硬要载运磅量过重之行李。机师

"碍"于市长之"脸面"也赏给他。由是飞机开行，不大肯平稳而上。市长又要给送行的人看看他的大脸，叫飞机在空中旋转几周，再行进京。不幸飞机一歪一斜，一颠一颠，碰着船桅而跌下。听说市长结果保全一副脸，却失了一条腿。我想凡我国以为脸面足为乘飞机行李过重的抵保的同胞，都应该断腿失足而认为上天特别赏脸的侥幸。

其实与有脸的贵人同国，也一样如与他们同车同舟的危险，时觉有倾覆或沉没之虞。我国人得脸的方法很多。在不许吐痰之车上吐痰，在"勿走草地"之草地走走，用海军军舰运鸦片。被禁烟局长请大烟，都有相当的荣耀。但是这种到底不是有益社会的东西，简直可以不要。我国平民本来就没有什么脸可讲，还是请贵人自动丢丢吧，以促法治之实现，而跻国家于太平。

论解嘲

人生有时颇感寂寞，或遇到危难之境。人之心灵，却能发出妙用，一笑置之，于是又轻松下来。这是好的，也可以看出人之度量。古代名人，常有这样的度量，所以成其伟大。希腊大哲人苏格拉底，娶了姗蒂柏（Xantippe），她是有名的悍妇，常作河东狮吼。传说苏氏未娶之前，已经闻悍妇之名，然而苏氏还是娶她。他有解嘲方法，说娶老婆有如御马，御驯马没有什么可学，娶个悍妇，于修心养性的功夫大有补助。有一天家里吵闹不休，苏氏忍无可忍，只好出门。正到门口，他太太由屋顶倒一盆水下来，正淋在他的头上。苏氏说："我早晓得，雷霆之后必有甘霖。"真亏得这位哲学家雍容自若的态度。

林肯的老婆也是有名的，很泼辣，喜欢破口骂人。有一天一个送报的小孩子,十二三岁,不识道送报太迟,或有什么过失,遭到林肯太太百般恶骂,罾不绝口。小孩去向报馆老板哭诉,说她不该骂人过甚,以后他不肯到那家送报了。这是一个小城,于是老板向林肯提起这件小事。

林肯说:"算了吧!我能忍她十多年,这小孩子偶然挨骂一两顿,算什么?"这是林肯的解嘲。中国有句老话,叫做"塞翁失马,焉知非福"。林肯以后成为总统,据他小城的律师同事赫恩顿(Herdon)写的传记,说是应归功于这位太太。赫恩顿书中说,林肯怪可怜的,每星期六半夜,大家由酒吧要回家时,独林肯一人不大愿意回家。所以林肯那副出人头地,简练机警,应对如流的口才,全是在酒吧中学来的。又苏格拉底也是家里不得安静看书,因此成一习惯,天天到市场去,站在街上谈空说理。因此乃开始"游行派的哲学家"(Peripatetic Philosopher)的风气。他们讲学,不在书院,就在街头逢人问难驳诘。这一派哲学家的养成,也应归功于苏婆。

关于这类的故事很多,尤其关于几个名人临终时的雅谑。这种修炼功夫,常人学不来的。苏格拉底之死,由柏拉图写来是最动人的故事。市政府说他巧辩惑众,贻误青年子弟,赐他服毒自尽。那夜他慷慨服毒,门人忍痛陪着,苏氏却从容阐发真理。最后他的名言是:"想起来,我欠某人一只雄鸡未还。"叫他门人送去,不可忘记。这是他断气以前最后的一句话。金圣叹判死刑,狱中发出的信,也是这一派。"花生米与豆腐干同嚼,大有火腿滋味。"(大约如此)历史上从容就义的人很多,不必列举。

西班牙有一传说,一个守礼甚谨的伯爵将死,一位朋友去看他。伯爵已经气喘不过来,但是那位访客还是刺刺不休长谈下去。伯爵只好忍着静听,到了最后关头,伯爵不耐烦地对来客说:"对不起,求先生原谅,让我此刻断气。"他藏身朝壁,就此善终。

我尝读耶稣最后一夜对他门徒的长谈,觉得这段动人的议论,尤胜过苏氏临终之言,而耶稣在十字架上临死之言:"上帝啊,宽恕他们,因为他们所为,出于不知。"这是耶稣的伟大,出于人情所不能及。这与他一贯的作风相同:"施之者比受之者有福。"可惜我们常人能知不能行,常做不到。

知识上的鉴赏力

教育或文化的目的不外是在发展知识上的鉴赏力和行为上的良好表现。有教养的人或受过理想教育的人,不一定是个博学的人,而是个知道何所爱何所恶的人。一个人能知道何所爱何所恶,便是尝到了知识的滋味。世界上有一些人,心里塞满历史上的日期和人物,对于俄国或捷克的时事极为熟识,可是他们的态度或观点是完全错误的;在社交集会里碰到这么一个人真是再气煞人也没有的事了。我曾碰见过这种人,觉得谈话中无论讲到什么话题,他们总有一些事实或数字可以提出来,可是他们的见解是令人气短的。这种人有广博的学问,可是缺乏见识或鉴赏力。博学仅是塞满一些事实或见闻而已,可是鉴赏力或见识却是基于艺术的判断力。中国人讲到学者的时候,普通是分为学、行、识(一个人对于历史时事的见识,也许会比别人更"高",这就是我们所谓"解释力")的。

对于历史学家,尤其是以这三点为批评的标准;一部历史也许写得极为渊博,可是完全没有见识,在批判历史上的人物的事迹时,作者也许没有一点独出心裁的见解或深刻的理解力。要见闻广博,要收集事实和详情,乃是最容易的事情。任何一个历史时代都有许多事实,我们要将之塞满心中,是很容易的;可是选择重要事实时所需要的见识,却是比较困难的事情,因为这要看个人的观点如何。

所以,有教育的人是一个知道何所爱何所恶的。

一个人必须能够寻根究底,必须具有独立的判断力,必须不受任何社会学的,政治学的,文学的,艺术的,或学究的胡说所威吓,才能够有鉴赏力或见识。我们成人的生活无疑地受着许多胡说和骗人的东西所包围:名誉的胡说,财富的胡说,爱国的胡说,政治的胡说,宗教的胡说,以及骗人的诗人,骗人的艺术家,骗人的独裁者,和骗人的心理学家。精神分析学家会告诉我们说:一个人儿童时代的肠胃官能的活动,对于后来生活上的野心,进取心和责任心,有着切实的关系,或说大便秘结造成一个人的吝啬的性情;有见识的人听见这种话的时候,只好一笑置之。一个人做错了事,便是错了,用不着拿出伟大的名誉以威压人,也用不着说他曾读过许多我们不曾读过的书,以恐吓人。

所以,见识和胆量是有密切的关系的,中国人往往把识和胆连在一起;而我们知道,胆量或独立的判断是人类中一种多么难得的美德。我们看见一切有特殊建树的思想家和著作家,在幼年时代都有这种智能上的胆量或独立性。这种人如果不喜欢一个诗人,便表示不喜欢,纵使那个诗人是当时最有声望的诗人;当他确实喜欢一个诗人时,他便能够说出喜欢他的理由来,因为这是他的内心判断的结果。这就是我们所谓文学上的鉴赏力。如果当时盛行的绘画学派的主张,使他的艺术本能感觉不快,他也会加以反对。这就是艺术上的鉴赏力。

一种流行的哲学理论或时髦的观念,纵使得到了一些最伟大的人物的赞助,他也会表示漠然的态度。他要等到自己心悦诚服,才愿相信一个作家的话;如果一个作家能使他信服,那个作家便是对的,可是如果那个作家不能使他信服,那么,他自己是对的,而那个作家是错的。这就是知识上的鉴赏力。这种智能上的胆量或独立的判断无疑地需要相当孩子气的,天真的自信力,可是这个自我便是一个人唯一可以依附的东西,一个研究者一旦放弃了个人判断的权利,便只好接受人生的一切胡说了。

孔子似乎觉得学而不思比思而不学更为危险,他说:"学而不思则罔,思而不学则殆。"他在当时一定看见过许多学而不思的学生,所以才提出这个警告;这个警告正是现代学校里极为需要的。大家都知道现代教育和现代学校制度大抵是鼓励学生求学问,而忽略鉴别力,同时认为把学识填满脑中,就是终极的目的,好像大量的学问便能够造成一个有教育的人似的。可是学校为什么不鼓励思想呢?教育制度为什么把追求学问的快乐,歪曲而成堆塞学识的机械式的,有量度的,千篇一律的,被动的工作呢?我们为什么比较注重学问而不注重思想呢?我们怎么可以因为一个大学毕业生念完了若干规定的心理学,中古史,逻辑和"宗教"的学分,而便称他做受过教育的人呢?学校为什么要有分数和文凭呢?分数和文凭在学生们心中为什么会代替了教育的真目的呢?

理由是很简单的。我们之所以有这个制度,就是因为我们是在教育大批的人,像工厂里大量生产一样,而工厂里的一切必须依一种死板的、机械的制度而运行。学校为保护其名誉,使其出品标准化起见,必须以文凭为证明。于是,有文凭便有分等级的必要,有分等级的必要便有学校的分数;为着要给分数起见,学校必须有背诵,大考和小考。这造成了一种完全合理的前因后果,无法可以避免。可是学校有了机械化的大考和小考,其后果是比我们所想象的更有害的。因为这么一来,学校里所注重的是事实的记忆,而不是鉴赏力或判断力的发展了。我自己也曾做过教师,我知道出一些关于历史日期的问题,是比出一些含糊的问题更容易的。同时批定分数也比较容易。

这个制度实行之后,我们便会碰到一种危险,就是我们会忘掉我们已经背弃了教育的真理想或即将背弃教育的真理想；所谓教育的真理想，我已经说过，就是发展知识上的鉴赏力。孔子说："记问之学，不足为人师。"这句话记起来还是很有用的。世间没有所谓必修的科目，也没有什么人人必读之书，甚至莎士比亚的著作也不是必读之书。学校制度中似乎有一个愚蠢的观念，以为我们可以制定一些最低限度的历史知识或地理知识，要做一个受过教育的人，便非念这些东西不可。我曾受过相当的教育，虽则我完全不知道什么地方是西班牙的首都，而且有一个时候以为哈凡拿（Havana）是一个邻近古巴的岛屿。学校制定必修课程有一种危险，就是认为一个人如果念完这些必修的课程，便自然而然知道了一个受过教育者所应知道的学识。所以，一个毕业生在离开学校之后，便不再学习什么东西，也不再读什么书，这是完全合逻辑的情形，因为他已经学到所应该知道的东西了。

我们必须放弃"知识可以衡量"的观念。庄子说得好："吾生也有涯，而知也无涯！"知识的追求终究是和探索一个新大陆一样，或如佛朗士（Anatole France）所说"灵魂的冒险"一样。如果一个虚怀若谷的，好问的，好奇的，冒险的心智始终保持着探索的精神，那么，知识的追求就会成为欢乐的事情，而不会变成痛苦的工作。我们必须放弃那种有量度的，千篇一律的，被动的填塞见闻的方法，而实现这种积极的，生长的，个人的欢乐的理想，文凭和分数的制度一旦取消或不被人们所重视，知识的追求便可成为积极的活动，因为学生至少须问自己为什么要读书。学校现在已经替学生解答这个问题了，因为学生知道他读大学一年级的目的，便是要做大学二年级生，读大学二年级的目的，便是要做大学三年级生，心中一点疑问也没有。这一切外来的计划都应该置诸不顾，因为知识的追求是一个人自己的事情，与别人无干。现在的学生是为注册主任而读书的，许多好学生则是为他们的父母，教师，或未来的妻子而读书，使他们对得起出钱给他们读大学的父母，或因为他们要使一个善待他们的教师欢喜,或希望毕业后可以得到较高的薪俸以养家。我觉得这一切的思念都是不道德的,知识的追求应该成为一个人自己的事情,与别人无关,只有这样,教育才能够成为一种积极的、欢乐的事情。

艺术是游戏和人格的表现

艺术是创作,同时也是消遣。对这两种见解,我认为艺术之成为消遣或人类精神的单纯的游戏,是比较重要的。虽则我很赞赏各种不朽的创作,无论是绘画、建筑或文学,可是我觉得真正艺术的精神如果要成为更普遍的东西,要侵入社会的各阶层,必须有许许多多的人把艺术当做一种消遣来欣赏,绝不抱着垂诸不朽的希望。每个大学生都有打网球或踢足球的平凡技术,是比大学产生几个可以参加全国比赛的体育选手或足球选手更为重要的,同样地,每个儿童和成人都能够自创一些东西以为消遣,是比一个国家产生一个罗丹(Rodin)更加重要的。我认为只产生几个以艺术为职业的艺术家,还不如教学校全体学生塑造黏土的模型,同时使所有的银行行长和经济专家都能够自制圣诞贺片。换一句话说,我主张各方面的人士都有业余活动的习惯。我喜欢业余的哲学家,业余的诗人,业余的摄影家,业余的魔术家,自造房屋的业余的建筑家,业余的音乐家,业余的植物学家和业余的飞行家。我听着一个朋友随便地弹着一首钢琴的乐曲,跟听一个第一流专门职业者的音乐会一样的快乐。

人人在客厅里欣赏他的朋友的业余魔术,比欣赏台上一个职业魔术家的技艺更来得有兴趣;做父母的欣赏子女的业余演剧,比欣赏一出莎士比亚的戏剧更来得有兴趣。我们知道这是自然发生的情感，而只有在自然发生的情感里才找得到艺术的真精神。为了这个缘故，我觉得这种自然发生的情感非常重要，中国的绘画根本是学者的消遣，而不是职业艺术家的消遣。艺术保持着游戏的精神时，才能够避免商业化的倾向。

　　游戏是没有理由的，而且也不应该有理由，这就是游戏的特质。游戏本身就是良好的理由。这个观念可由进化的历史获得证明。美是一种不能用生存竞争加以解释的东西，有一些美的形式是会毁坏的，甚至在动物方面也是这样，如鹿的过度发展的角。达尔文觉得他不能够以自然的选择的原理去解释动植物的美，所以他只好提出性的选择这个第二大原理。艺术是身体和智能力量的充溢，是自由的，不受拘束的，是为自身而存在的；如果我们没有认清这一点，那么我们便不能了解艺术和艺术的要素。这就是那个备受贬评的"为艺术而艺术"的观念。对这个问题，我认为政治家无权发表什么意见；我觉得这仅是关于一切艺术创造的心理基础的无可置辩的事实。希特勒曾斥许多现代艺术形式为不道德的东西，可是我认为那些画希特勒肖像悬诸新艺术博物院以取悦他的艺术家，乃是最不道德的人。那不是艺术，而是卖淫。如果商业化的艺术常常伤害了艺术的创造，那么，政治化的艺术一定会毁灭了艺术的创造。因为自由便是艺术的灵魂。现代的独裁者在企图产生政治化的艺术时，确是在尝试一种办不到的事情。他们似乎不知道刺刀的力量不能产生艺术，正如你不能向娼妓买得真爱情一样。

　　我们如果要了解艺术的要素，必须认识到力量的充溢是艺术的物质基础。这就是所谓艺术的或创造的冲动。"灵感"（inspiration）一词用起来时，便是证明艺术家自己也不知道这种冲动来自何处。这仅是一种内心的激发，像科学家发现真理的冲动那样，或探险家发现新岛屿的冲动那样，是没有方法可以解释的。我们今日得到生物学知识的帮助,已经开始知道:我们智能生活的整个组织,是受着血液中的激动素(hormones)的增减和分配所节制的;这些激动素在各种器官里和统治这些器官的神经系里活动着。甚至于愤怒或恐惧也仅是副肾素(adrenalin)分泌量的问题。据我看来,天才仅是腺分泌的供给过多的结果。有一个默默无闻的中国小说家,不知道现代所谓激动素,却作过一个正确的猜测,认为一切活动均发源于我们身上的"虫"。奸淫的行为是由于虫唷着我们的内脏,使人不能不想法子满足他的欲望。野心,进取心和好名好权的欲望也是由于另外一些虫在作祟,弄得一个人心中骚动,只有到达目的的时候才肯罢休。一部小说里描写道,一个人写一本书也是由于一种虫在作祟,激动他无缘无故创造一本书出来。以激动素和虫而论,我还是要相信后者。"虫"这个名词是比较生动的。

当一个人有着数量过多或甚至数量正常的虫时,他是不能不创造一些东西的,因为他自己不能做主。当一个孩子有着过多的力量时,他平常走路的姿势便会变成跳跃的动作了。当一个人有着过多的力量时,他的走路的姿势便会变成扬扬阔步或跳舞了。所以,跳舞不外是无效率的走路姿势罢了;这里所谓无效率便是实利观点上,而不是审美观点上的力量浪费。一个跳舞者要到一个地点时,不走最便捷的直路,却作一个圆形的旋舞。一个人在跳舞时并不想要爱国;命令一个人依照资本阶级者,法西斯主义者,或无产阶级者的意识形态去跳舞,这结果只能破坏跳舞上的游戏精神和伟大的无效率状态。在文明中的人类和其他各种动物比较起来,所做的工作委实已经太多了;可是有些人好像认为人类的工作还不够多似的,因此甚至他的一点小闲暇,一点从事游戏和艺术的时间,也要让国家这个怪物来侵占了去!

艺术仅是游戏:这种对于艺术真本质的理解也许可以帮助我们阐明艺术与道德的关系问题。美仅是良好的形式。好画或美丽的桥梁有良好的形式,行为也有良好的形式。艺术的范围比绘画、音乐和舞蹈更广,因为各种的活动都有良好的形式。体育家在赛跑的时候有良好的形式;一个人由幼年少年至壮年老年时期,始终过着美丽的生活,也是有良好的形式的;一次指挥如意,调度适宜,终获胜利的总统竞选,也是有良好的形式的;中国旧式官吏小心训练起来的谈笑和吐痰的姿态,也是有良好的形式的。人类的各种活动都有形式和表现,而一切表现的形式都是在艺术的范围之内的。所以,要把表现的艺术归于音乐、舞蹈和绘画这几方面是不可能的。

因此,在这个较广泛的艺术解释的观念之下,行为上的良好形式和艺术上的良好人格是关系密切的,而且是同样重要的。一首音韵和谐的诗歌有放逸的表现;我们身体上的动作也可以有放逸的表现。当我们具有那些过多的力量时,我们无论做什么事情,都可以表现一种闲适,优雅与形式上的和谐。闲适和优雅是由一种身体胜任愉快的感觉产生出来的,由一种不但能把事情做得好,而且做得美的感觉产生出来的。在较抽象的境域里,当任何一个人把一样工作做得好的时候,我们都看得见这种美。把工作做得好或做得干净爽快,这种冲动根本也是一种审美的冲动。杀人的行为或阴谋虽是恶无可逭,可是如果做得干净爽快,看起来也是美的。在我们生活上较具体的活动中,我们也可以找到做得爽快,温雅和胜任的事情。我们所谓"人生快事",就是属于这一类。一句问候的话说得好,说得恰当,便是美的,说得不得体,便是失态。

在中国晋代的末叶(三及四世纪),温雅的言语,生活和个人的习惯发展到登峰造极之境。当时,"清淡"盛行。女人的服装最为艳丽,彼此争奇斗胜;以漂亮闻名的男人也非常之多。当时又盛行养"美髯",男人穿着宽大的长袍,大摇大摆地走着。衣服做起来极为宽大,穿在身上,什么地方的痒都可以搔到。什么事情都做得很温雅。中国人常常把一束马尾的长毛缚在一支短杖上以驱蚊蝇;这种叫做麈的东西渐渐成为谈话的重要附属物，所以这种闲谈在今日的文艺作品中还是称为"尘谈"。其含义就是：一个人在谈话的时候，手中拿着那支尘，很温雅地挥动着。扇也成为谈话的可爱的附属物，谈话者把扇时而张着，时而挥着，时而折起来，有如美国的老人家在演讲时把眼镜再三架在鼻上又拿掉一样，看来颇为悦目。由实利的观点上说起来，麈或扇比英国人的单眼镜稍微较有用处，可是它们全是谈话的风格的一部分，正如手杖是散步的风格的一部分一样。我在西方所看见的礼仪之中，最优美的两种是：普鲁士的绅士在客厅里向女人鞠躬时皮鞋后跟轻敲之声，及德国少女一腿向前弯而行屈膝礼的姿态。我觉得这是非常优雅的姿态：现在这种风尚已经消灭，真是可惜。

中国人有许多社交上的礼仪。一个人的指头、手和臂的姿态都经过了一番严格的修养。满洲人所谓"打扦"行礼方式，也是一种很美观的姿态。当一个人走进房间的时候，他把一手伸直在一边，然后弯下一腿，做一种很优雅的行礼姿态。如果有几个人坐在房间里，他便以那条直立的腿为轴心，全身旋转一下，向房间中的人们全体表示敬意。你也应该看一个有修养的下棋者把棋子放在棋盘上的样子。他把一颗白色或黑色的小棋子均衡地放在食指上，然后以很优美的姿态，用大拇指由后边轻轻地把棋子推出去，使之落在棋盘上。一个有教养的清朝官吏在发怒的时候，做出非常优美的姿态。他穿着一件长袍，袖子卷起而露出丝衬里来，这种袖子叫做"马蹄袖"，当他勃然大怒的时候，他便向下挥动着右臂或双臂，让卷起的"马蹄袖"放下来，大摇大摆地走出去。这就叫做"拂袖而去"。

一个有教养的清朝官吏，其谈吐也很悦耳。他的话以一种美妙的声调表现出来，而那种北平腔的悦耳声调具有优美音乐的抑扬顿挫。他的字音说得又优雅又缓慢，讲到真正的学者，他的言语是夹杂着中国文学上珠玑般的词句的。你也应该观察清朝官吏大笑或吐痰的样子,那真是美妙无比。吐痰的动作普通是以三个音乐的拍子去完成的,开头两个拍子是吸进和廓清喉咙的声音,以引出最后吐出痰时的拍子;吐出痰时的动作是急速有力的:"连音"继之以"断音"。老实说,如果吐痰的动作以审美的方式完成,我并不以喷到空气中的微菌为意,因为我虽受过许多微菌的袭击,可是我的健康并没有遇到什么不良的影响。他的笑也是一样有规律的,艺术化的,有韵律的动作,稍微有点矫揉做作,而结束时的声响则大一些,如果有白胡须的话,声响却会比较柔和一点。

以伶人而言,这种笑是一种细心修养起来的艺术,是他的表演技巧的一部分;戏剧的观众对于一个做得十全十美的笑的动作,是始终能够加以欣赏和赞美的。这当然是一桩很困难的事情,因为笑的种类很多:快乐的笑,看见一个人堕入他人圈套时的笑,讽刺或蔑视的笑,以及一个人被势不可当的环境力量压倒后的绝望的笑;最后这种笑是最困难的。中国的戏剧观众注意这些东西,也注意伶人的手的表情和"台步"。手臂的每一个动作,头部的每一次倾斜,颈项的每一次扭转,背部的每一次弯曲,宽大袖子的每一次摆动和足部的每一步,都是一种细心训练起来的姿态。中国人将演剧分为"唱"和"做"两类,有些戏剧注重于"唱",另外有些戏剧则注重于"做"。所谓"做",就是指身体,手臂和面部的表演,以及情感和表情等比较普通的动作。中国伶人须学会怎样摇头以表示异议,怎样扬眉以表示怀疑,怎样轻抚胡须以表示安宁和满足。

一种艺术作品的特殊性质是艺术家的人格表现;艺术只有在这种限度内才和道德发生关系。人格伟大的艺术家产生了伟大的艺术;人格渺小的艺术家产生了渺小的艺术;感伤的艺术家产生了感伤的艺术;色情的艺术家产生了色情的艺术;多情的艺术家产生了多情的艺术;巧妙的艺术家产生了巧妙的艺术。一言以蔽之,艺术与道德的关系便是如此。所以，道德并不能依独裁者易变的狂想或宣传部长易变的道德律而加以改变或压抑。道德必须由内心生长出来，成为艺术家的灵魂的自然表现。而且，这不是可以选择的东西，而是一个不可避免的事实。心地卑劣的艺术家纵使生命发生危险，也不能产生伟大的绘画，心胸伟大的艺术家纵使生命发生危险，也不能产生下劣的绘画。

中国人关于艺术的"品"的观念是极有趣味的，这种"品"有时称为"人品"或"品格"。这里也有分等级的观念，例如我们称艺术家或诗人为"第一品"的或"第二品"的，也称尝试好茶的味道为"品茗"。这样，对于一个人在某种动作中所表现的人格，我们有着许多不同的应用语。对于一个坏赌徒，或一个性情暴躁或趣味低劣的赌徒，我们说他"赌品"不好。对于一个醉后失态的饮酒者，我们说他"酒品"不好。好棋手有好"棋品"，坏棋手有坏"棋品"。中国最早的一部诗歌批评作品名叫《诗品》（作者钟嵘，生活在公元 500 年左右），书中将诗人分成各种等级；此外当然还有名叫《画品》的艺术批评著作。

所以，关于这个"品"的观念，一般人公认一个艺术家的作品是绝对受他的人格所支配的。这"人格"同时包括道德上的人格和艺术上的人格。这种观念注重人类的了解，崇高的意志，脱离俗尘的态度，以及琐碎、无聊或下流的消灭。从这种意义说来，它和英国人的"态度"或"风格"颇为近似。一个任性或不依传统的艺术家会表现一种任性或不依传统的风格；一个温雅的人自然会在风格上表现着温雅和美妙的质素，一个具有高尚趣味的大艺术家不会墨守成规，受习气所束缚。由这种意义上说来，人格就是艺术的灵魂。中国人素来绝对相信：一个画家如果道德上和审美上的人格不伟大，便也不能成为伟大的画家；在评判字画的时候，最高的标准不是艺术家是否表现优越的技术，而是他是否具有崇高的人格。一种表现着完美的技巧的作品，也许会表现"卑下"的人格，在这情形之下，依英人的说法，这种作品是缺乏"品格"的。

在这里，我们应该谈到一切艺术的中心问题了。中国大将军和宰相曾国藩在他的一封家书里说：书法只有两个基本的原则，就是形式和表现。当时一位最伟大的书法家何绍基赞成曾国藩的观念，而且称许他的见识。一切的艺术都是具体的，所以艺术家始终须把握住一个机械上的问题，就是技巧的问题；可是艺术也是精神的，所以个人的表现是一切创造形式的根本要素。这种个人的表现就是艺术家的个性，是艺术作品中唯一有意义的东西；艺术家的个性是比他的技巧更加重要的。在写作上，一部作品中的唯一重要的东西，就是作家在判断上与好恶上所表现的个人的风格和感觉。这种人格或个人的表现不断地有被技巧所掩蔽的危险；无论在绘画上，写作上或表演上，一切初学者的最大困难便是不能放浪形骸，顺其自然。其原因当然是由于初学者被形式或技巧所吓倒。可是不管什么形式，如果缺少这种个人的要素，便不能成为优美的形式。一切优美的形式都有一种韵律，而一切韵律看起来都是美的，无论是一个得锦标的高尔夫球健将挥动球棒的韵律，或一个人飞黄腾达的韵律，或一个足球选手将球带过球场的韵律。在这里必须有如潮涌的表现；这种表现必不可被技巧所妨害，而必须能够在技巧里优游自在地活动着。当一列火车绕了一个弯的时候，或当一艘游艇张帆疾驶的时候，那种韵律看来是很美的。当一只燕子在飞翔的时候，或当一只鹰鸟由空疾降以扑掠食物的时候，或当一匹骏马驰至终点而获得锦标的时候，那种韵律是很美丽的。

我们主张一切的艺术必须具有品格，所谓品格便是艺术家的人格，或灵魂，或衷心，或中国人所谓"胸怀"在艺术作品上所暗示或表现出来的东西。一个艺术作品如果没有那种品格或人格，便是死的，无论多少技艺或圆熟的技巧都不能把它由死气沉沉或缺少活力的状态中救回来。如果缺少那种叫做"性格"的很有个性的东西，美的本身便是平凡的。有许多想做好莱坞电影明星的女子不晓得这一点，只是模仿玛琳黛·特丽（Marlene Diertich）或琪恩·哈罗（Jean Harlow）的表情，使导演于愤激之余，只好去寻找新人才了。平凡的漂亮面孔非常之多，可是新鲜的，有个性的美却少得很。她们为什么不去研究曼丽·特莱士勒（Marie Dressler）的演技呢？一切的艺术都是一致的，无论是电影上的表演，或绘画，或文艺的著作，都根据于同样的表现原则或性格。真的，我们如果观察曼丽·特莱士勒或里昂·巴利摩亚（Lionel Barrymore）的表演，就可以得到写作上的风格的秘诀。创造那种性格之美，就是一切艺术的重要基础，因为无论一个艺术家做什么事情，他的性格总在他的作品中表现出来。

性格的创造是道德上和审美上的问题，而且同时需要学识和风雅。风雅这种东西和鉴识力比较相近，也许是艺术家天性的一部分，可是一个人要有相当的学识，看见一部艺术作品时才能够感到最高的喜悦。这一点在绘画和书法上尤其来得明显。一个人看见一幅字，便可以知道写字者有没有看过许多魏碑。如果他曾看过许多魏碑，这种学识就会给他一点古气，可是除此之外，他必须让他的灵魂或性格渗进去。这种灵魂或性格当然是人人不同的。如果他有一个娇柔而感伤的灵魂，那么他会表现出一种娇柔而感伤的风格；可是如果他喜爱力量或伟大的权力，那么他也会采用一种表现力量和伟大的权力的风格。这样，在绘画上和书法上，尤其是在书法上，我们能够看见各种的审美素质或各种美的形式，而没有一个人能够把艺术作品之美和艺术家自己灵魂之美分别出来。世间有狂想和任性之美，强壮的力量之美，伟大的权力之美，精神的自由之美，毅力和勇气之美，浪漫的魅力之美，抑制之美，温柔的优雅之美，严肃端庄之美，简朴和"愚拙"之美，整齐匀称之美，急速之美，有时甚至于有矫饰的丑陋之美。只有一种美的形式是不可能的，因为它是不存在的，那就是劳碌之美或劳碌的生活之美。

读书的艺术

　　读书或书籍的享受素来被视为有修养的生活上的一种雅事，而在一些不大有机会享受这种权利的人们看来，这是一种值得尊重和妒忌的事。当我们把一个不读书者和一个读书者的生活上的差异比较一下，这一点便很容易明白。那个没有养成读书习惯的人，以时间和空间而言，是受着他眼前的世界所禁锢的。他的生活是机械化的，刻板的；他只跟几个朋友和相识者接触谈话，他只看见他周遭所发生的事情。他在这个监狱里是逃不出去的。可是当他拿起一本书的时候，他立刻走进一个不同的世界；如果那是一本好书，他便立刻接触到世界上一个最健谈的人。这个谈话者引导他前进，带他到一个不同的国度或不同的时代，或者对他发泄一些私人的悔恨，或者跟他讨论一些他从来不知道的学问或生活问题。一个古代的作家使读者随一个久远的死者交通；当他读下去的时候，他开始想象那个古代的作家相貌如何，是哪一类的人。孟子和中国最伟大的历史家司马迁都表现过同样的观念。一个人在十二小时之中，能够在一个不同的世界里生活两小时，完全忘怀眼前的现实环境：这当然是那些禁锢在他们的身体监狱里的人所妒羡的权利。这么一种环境的改变，由心理上的影响说来，是和旅行一样的。

　　不但如此。读者往往被书籍带进一个思想和反省的境界里去。纵使那是一本关于现实事情的书，亲眼看见那些事情或亲历其境，和在书中读到那些事情，其间也有不同的地方，因为在书本里所叙述的事情往往变成一片景象，而读者也变成一个冷眼旁观的人。所以，最好的读物是那种能够带我们到这种沉思的心境里去的读物,而不是那种仅在报告事情的始末的读物。我认为人们花费大量的时间去阅读报纸,并不是读书,因为一般阅报者大抵只注意到事件发生或经过的情形的报告,完全没有沉思默想的价值。

据我看来,关于读书的目的,宋代的诗人和苏东坡的朋友黄山谷所说的话最妙。他说:"三日不读,便觉语言无味,面目可憎。"他的意思当然是说,读书使人得到一种优雅和风味,这就是读书的整个目的,而只有抱着这种目的地读书才可以叫做艺术。一人读书的目的并不是要"改进心智",因为当他开始想要改进心智的时候,一切读书的乐趣便丧失净尽了。他对自己说:"我非读莎士比亚的作品不可,我非读索福客俪(Sophocles)的作品不可,我非读伊里奥特博士(Dr. Eliot)的《哈佛世界杰作集》不可,使我能够成为有教育的人。"我敢说那个人永远不能成为有教育的人。他有一天晚上会强迫自己去读莎士比亚的《哈姆雷特》(Hamlet),读毕好像由一个噩梦中醒转来,除了可以说他已经"读"过《哈姆雷特》之外,并没有得到什么益处。一个人如果抱着义务的意识去读书,便不了解读书的艺术。这种具有义务目的的读书法,和一个参议员在演讲之前阅读文件和报告是相同的。这不是读书,而是寻求业务上的报告和消息。

所以,依黄山谷氏的话说,那种以修养个人外表的优雅和谈吐的风味为目的的读书,才是唯一值得嘉许的读书法。这种外表的优雅显然不是指身体上之美。黄氏所说的"面目可憎",不是指身体上的丑陋。丑陋的脸孔有时也会有动人之美,而美丽的脸孔有时也会令人看来讨厌。我有一个中国朋友,头颅的形状像一颗炸弹,可是看到他却使人欢喜。据我在图画上所看见的西洋作家,脸孔最漂亮的当推吉斯透顿。他的髭须,眼镜,又粗又厚的眉毛,和两眉间的皱纹,合组而成一个恶魔似的容貌。我们只觉得那个头额中有许许多多的思念在转动着,随时会由那对古怪而锐利的眼睛里迸发出来。那就是黄氏所谓美丽的脸孔，一个不是脂粉装扮起来的脸孔，而是纯然由思想的力量创造起来的脸孔。讲到谈吐的风味，那完全要看一个人读书的方法如何。一个人的谈吐有没有"味"，完全要看他的读书方法。如果读者获得书中的"味"，他便会在谈吐中把这种风味表现出来；如果他的谈吐中有风味，他在写作中也免不了会表现出风味来。

所以，我认为风味或嗜好是阅读一切书籍的关键。这种嗜好跟对食物的嗜好一样，必然是有选择性的，属于个人的。吃一个人所喜欢吃的东西终究是最合卫生的吃法，因为他知道吃这些东西在消化方面一定很顺利。读书跟吃东西一样，"在一人吃来是补品，在他人吃来是毒质。"教师不能以其所好强迫学生去读，父母也不能希望子女的嗜好和他们一样。如果读者对他所读的东西感不到趣味，那么所有的时间全都浪费了。袁中郎曰："所不好之书，可让他人读之。"

所以，世间没有什么一个人必读之书。因为我们智能上的趣味像一棵树那样地生长着，或像河水那样地流着。只要有适当的树液，树便会生长起来，只要泉中有新鲜的泉水涌出来，水便会流着。当水流碰到一个花岗岩石时，它便由岩石的旁边绕过去；当水流涌到一片低洼的溪谷时，它便在那边曲曲折折地流着一会儿；当水流涌到一个深山的池塘时，它便恬然停驻在那边；当水流冲下急流时，它便赶快向前涌去。这么一来，虽则它没有费什么气力，也没有一定的目标，可是它终究有一天会到达大海。世上无人人必读的书，只有在某时某地，某种环境和生命中的某个时期必读的书。我认为读书和婚姻一样，是命运注定的或阴阳注定的。纵使某一本书，如《圣经》之类，是人人必读的，读这种书也有一定的时候。当一个人的思想和经验还没有达到阅读一本杰作的程度时，那本杰作只会留下不好的滋味。孔子曰："五十以学《易》。"便是说，45岁时候尚不可读《易经》。孔子在《论语》中的训言的冲淡温和的味道,以及他的成熟的智慧,非到读者自己成熟的时候是不能欣赏的。

且同一本书,同一读者,一时可读出一时之味道来。其景况适如看一名人相片,或读名人文章,未见面时,是一种味道,见了面交谈之后,再看其相片,或读其文章,自有另外一层深切的理会。或是与其人绝交以后,看其照片,读其文章,亦另有一番味道。四十学《易》是一种味道,到五十岁看过更多的人世变故的时候再去学《易》,又是一种味道。所以,一切好书重读起来都可以获得益处和新乐趣。我在大学的时代被学校强迫去读 《西行记》("Westward Ho!") 和 《亨利埃士蒙》("Henry Esmond"),可是我在十余岁时候虽能欣赏《西行记》的好处,《亨利埃士蒙》的真滋味却完全体会不到,后来渐渐回想起来,才疑心该书中的风味一定比我当时所能欣赏的还要丰富得多。

由是可知读书有二方面,一是作者,一是读者。对于所得的实益,读者由他自己的见识和经验所贡献的分量,是和作者自己一样多的。宋儒程伊川先生谈到孔子的《论语》时说:"读《论语》,有读了全然无事者;有读了后,其中得一两句喜者;有读了后,知好之者;有读了后,直有不知手之舞之足之蹈之者。"

我认为一个人发现他最爱好的作家,乃是他的知识发展上最重要的事情。世间确有一些人的心灵是类似的,一个人必须在古今的作家中,寻找一个心灵和他相似的作家。他只有这样才能够获得读书的真益处。一个人必须独立自主去寻出他的老师来,没有人知道谁是你最爱好的作家,也许甚至你自己也不知道。这跟一见倾心一样。人家不能叫读者去爱这个作家或那个作家,可是当读者找到了他所爱好的作家时,他自己就本能地知道了。关于这种发现作家的事情,我们可以提出一些著名的例证。有许多学者似乎生活于不同的时代里,相距多年,然而他们思想的方法和他们的情感却那么相似,使人在一本书里读到他们的文字时，好像看见自己的肖像一样。以中国人的语法说来，我们说这些相似的心灵是同一条灵魂的化身，例如有人说苏东坡是庄子或陶渊明转世的（苏东坡曾做过一件卓绝的事情：他步陶渊明诗集的韵，写出整篇的诗来。在这些《和陶诗》后，他说他自己是陶渊明转世的；这个作家是他一生最崇拜的人物），袁中郎是苏东坡转世的。苏东坡说，当他第一次读庄子的文章时，他觉得他自从幼年时代起似乎就一直在想着同样的事情，抱着同样的观念。当袁中郎有一晚在一本小诗集里，发见一个名叫徐文长的同代无名作家时，他由床上跳起，向他的朋友呼叫起来，他的朋友开始拿那本诗集来读，也叫起来，于是两人叫复读，读复叫，弄得他们的仆人疑惑不解。伊里奥特（George Eliot）说她第一次读到卢骚的作品时，好像受了电流的震击一样。尼采（Nietzsche）对于叔本华（Schopenhauer）也有同样的感觉，可是叔本华是一个乖张易怒的老师，而尼采是一个脾气暴躁的弟子，所以这个弟子后来反叛老师，是很自然的事情。

　　只有这种读书方法，只有这种发见自己所爱好的作家的读书方法，才有益处可言。像一个男子和他的情人一见倾心一样，什么都没有问题了。她的高度，她的脸孔，她的头发的颜色，她的声调和她的言笑，都是恰到好处的。一个青年认识这个作家，是不必经他的教师的指导的。这个作家是恰合他的心意的；他的风格，他的趣味，他的观念，他的思想方法，都是恰到好处的。于是读者开始把这个作家所写的东西全都拿来读了，因为他们之间有一种心灵上的联系，所以他把什么东西都吸收进去，毫不费力地消化了。这个作家自会有魔力吸引他，而他也乐自为所吸；过了相当的时候，他自己的声音相貌，一颦一笑，便渐与那个作家相似。这么一来，他真的浸润在他的文学情人的怀抱中，而由这些书籍中获得的灵魂的食粮。过了几年之后，这种魔力消失了，他对这个情人有点感到厌倦，开始寻找一些新的文学情人；到他已经有过三四个情人，而把他们吃掉之后，他自己也成为一个作家了。有许多读者永不曾堕入情网，正如许多青年男女只会卖弄风情，而不能钟情于一个人。随便哪个作家的作品，他们都可以读，一切作家的作品，他们都可以读，他们是不会有什么成就的。

这么一种读书艺术的观念，把那种视读书为责任或义务的见解完全打破了。在中国，常常有人鼓励学生"苦学"。有一个实行苦学的著名学者，有一次在夜间读书的时候打盹，便拿锥子在股上一刺。又有一个学者在夜间读书的时候，叫一个丫头站在他的旁边，看见他打盹便唤醒他。这真是荒谬的事情。如果一个人把书本排在面前，而在古代智慧的作家向他说话的时候打盹，那么，他应该干脆地上床去睡觉。把大针刺进小腿或叫丫头推醒他，对他都没有一点好处。这么一种人已经失掉一切读书的趣味了。有价值的学者不知道什么叫做"磨炼"，也不知道什么叫做"苦学"。他们只是爱好书籍，情不自禁地一直读下去。

这个问题解决之后，读书的时间和地点的问题也可以找到答案。读书没有合宜的时间和地点。一个人有读书的心境时，随便什么地方都可以读。如果他知道读书的乐趣，他无论在学校内或学校外，都会读书，无论世界有没有学校，也都会读书。曾国藩在一封家书中，谈到他的四弟拟入京读较好的学校时说："苟能发奋自立，则家塾可读书，即旷野之地，热闹之场，亦可读书，负薪牧豕，皆可读书。苟不能发奋自立，则家塾不宜读书，即清净之乡，神仙之境，皆不能读书。"有些人在要读书的时候，在书台前装腔作势，埋怨说他们读不下去，因为房间太冷，板凳太硬，或光线太强。也有些作家埋怨说他们写不出东西来，因为蚊子太多，稿纸发光，或马路上的声响太嘈杂。宋代大学者欧阳修说他的好文章都在"三上"得之，即枕上，马上和厕上。有一个清代的著名学者顾千里据说在夏天有"裸体读经"的习惯。在另一方面，一个人不

好读书,那么,一年四季都有不读书的正当理由:

春天不是读书天,夏日炎炎最好眠。
等到秋来冬又至,不如等待到来年。

那么,什么是读书的真艺术呢?简单的答案就是有那种心情的时候便拿起书来读。一个人读书必须出其自然,才能够彻底享受读书的乐趣。他可以拿一本《离骚》或奥玛·开俨(Omar Khayyam,波斯诗人)的作品,牵着他的爱人的手到河边去读。如果天上有可爱的白云,那么,让他们读白云而忘掉书本吧,或同时读书本和白云吧。在休憩的时候,吸一筒烟或喝一杯好茶则更妙不过。或许在一个雪夜,坐在炉前,炉上的水壶铿铿作响,身边放一盒淡巴菰,一个人拿了十数本哲学,经济学,诗歌,传记的书,堆在长椅上,然后闲逸地拿起几本来翻一翻,找到一本爱读的书时,便轻轻点起烟来吸着。金圣叹认为雪夜闭户读禁书,是人生最大的乐趣。陈继儒(眉公)描写读书的情调,最为美妙:"古人称书画为丛笺软卷,故读书开卷以闲适为尚。"在这种心境中,一个人对什么东西都能够容忍了。此位作家又曰:"真学士不以鲁鱼亥豕为意,好旅客登山不以路恶难行为意,看雪景者不以桥不固为意,卜居乡间者不以俗人为意,爱看花者不以酒劣为意。"

关于读书的乐趣,我在中国最伟大的女诗人李清照(易安,1081—1141年)的自传里,找到一段最佳的描写。她的丈夫在太学做学生,每月领到生活费的时候,他们夫妻总立刻跑到相国寺去买碑文水果,回来夫妻相对展玩咀嚼,一面剥水果,一面赏碑帖,或者一面品佳茗,一面校勘各种不同的板本。他在《金石录后序》这篇自传小记里写道:

余性偶强记,每饭罢,坐归来堂烹茶,指堆积书史,言某事在某书某卷第几页第几行,以中否角胜负,为饮茶先后。中即举杯大笑,至茶倾覆怀中,反不得饮而起。

甘心老是乡矣!故虽外忧患困穷而志不屈。……于是几案罗列,枕席枕藉,意会心谋,目往神授,乐在声、色、狗、马之上。……

这篇小记是她晚年丈夫已死的时候写的。当时她是个孤独的女人,因金兵侵入华北,只好避乱南方,到处漂泊。

写作的艺术

写作的艺术是比写作艺术的本身或写作技巧的艺术更广泛的。事实上,如果你能告诉一个希望成为作家的初学者,第一步不要过分关心写作的技巧,叫他不要在这种肤浅的问题上空费工夫,劝他表露他的灵魂的深处,以冀创造一个为作家基础的真正的文学性格;如果你这样做,你对他将有很大的帮助。当那个基础适当地建立起来的时候,当一个真正的文学性格创造起来的时候,风格自然而然地成形了,而技巧的小问题便也可以迎刃而解。如果他对于修辞或文法的问题有点困惑不解,那老实说也没有什么关系,只要他写得出好东西就得了。出版书籍的机关总有一些职业的阅稿人,他们便会去校正那些逗点,半支点和分离不定法等。在另一方面,如果一个人忽略了文学性格的修养,无论在文法或文艺的洗练上用了多少工夫,都不能使他成为作家。蒲丰(Buf-fon)说:"风格就是人。"风格并不是一种写作的方法,也不是一种写作的规程,甚至也不是一种写作的装饰;风格不过是读者对于作家的心思的性质,他的深刻或肤浅,他的有见识或无见识,以及其他的素质如机智,幽默,尖刻的讽刺,同情的了解,亲切,理解的灵敏,恳挚的愤世嫉俗态度或愤世嫉俗的恳挚态度,精明,实用的常识,和对事物的一般态度等的整个印象。世间并没有一本可以创造"幽默的技巧"或"愤世嫉俗的恳挚态度的三小时课程",或"实用常识规则十五条"和"感觉灵敏规则十一条"的手册。这是显而易见的。

我们必须谈到比写作的艺术更深刻的事情。当我们这样做的时候,我们发现写作艺术的问题包括了文学,思想,见解,情感,阅读和写作的全部问题。我在中国曾提倡复兴性灵派的文章和创造一种较活泼较个人化的散文笔调;在我这个文学运动中,我曾为了事实上的需要,写了一些文章,以发表我对于一般文学的见解,尤其是对于写作艺术的见解。我也曾以"烟屑"为主题,试写一些文艺方面的警句。这里就是一些烟屑:

(甲)技巧与个性

塾师以笔法谈作文,如匠人以规矩谈美术。书生以时文评古文,如木工以营造法尺量泰山。

世间无所谓笔法。吾心目中认为有价值之一切中国优秀作家,皆排斥笔法之说。

笔法之于文学,有如教条之于教会——琐碎人之琐碎事也。

初学文学的人听见技巧之讨论——小说之技巧,戏剧之技巧,音乐之技巧,舞台表演之技巧——目眩耳乱,莫测高深,哪知道文章之技巧与作家之产生无关,表演之技巧与伟大演员之产生亦无关。他且不知世间有个性,为艺术上文学上一切成功之基础。

(乙)文学之欣赏

一人读几个作家之作品,觉得第一个的人物描写得亲切,第二个的情节来得逼真自然,第三个的丰韵特别柔媚动人,第四个的意思特别巧妙多姿,第五个的文章读来如饮威士忌,第六个的文章读来如饮醇酒。他若觉得好,尽管说他好,只要他的欣赏是真实的就得。积许多这种读书欣赏的经验,清淡,醇厚,宏拔,雄奇,辛辣,温柔,细腻……都已尝过,便真正知道什么是文学,什么不是文学,无须读手册也。

论文字,最要知味。平淡最醇最可爱,而最难。何以故?

平淡去肤浅无味只有毫厘之差。

作家若元气不足,素养学问思想不足以充实之,则味同嚼蜡。故鲜鱼腐鱼皆可红烧,而独鲜鱼可以清蒸,否则入口本味之甘恶立见。

好作家如杨贵妃之妹妹,虽不涂脂抹粉,亦可与皇帝见面。宫中其他美人要见皇帝皆非涂脂抹粉不可。作家敢以简朴之文字写文章者这么少,原因在此。

(丙)笔调与思想

文章之好坏乃以有无魔力及味道为标准。此魔力之产生并无一定规则。魔力生自文章中,如烟发自烟斗,或白云起于山巅,不知将何所之。最佳之笔调为"行云流水"之笔调,如苏东坡之散文。

笔调为文字、思想及个性之混合物。有些笔调完全以文字造成。

吾人不常见清晰的思想包藏于不清晰的文字中,却常看见不清晰的思想表现得淋漓尽致。此种笔调显然是不清晰的。

清晰的思想以不清晰的文字表现出来,乃是一个决意不娶之男子的笔调。他不必向老婆解释什么东西。康德(Immanuel Kant)可为例证,甚至蒲脱勒(Samuel Butler)有时也这么古怪。

一人之笔调始终受其"文学情人"之渲染。他的思想方法及表现方法越久越像其"文学情人"。此为初学者创造笔调的唯一方法。日后一人发现自己之时,即发现自己的笔调。

一人如恨一本书之作者,则读那本书必毫无所得。学校教师请记住这个事实！

人之性格一部分是先天的,其笔调亦然。其他部分只是污染之物而已。

人如无一个心爱之作家,则是迷失的灵魂。他依旧是一个未受胎的卵,一个未得花粉的雌蕊。一人的心爱作家或"文学情人",就是其灵魂之花粉。

人人在世上皆有其心爱的作家,唯不用点工夫去寻耳。

一本书有如一幅人生的图画或都市的图画。有些读者观纽约或巴黎的图画,但永远看不见纽约或巴黎。智者同时读书本及人生。宇宙一大书本,人生一大学堂。

一个好的读者将作家翻转过来看, 如乞丐翻转衣服去找跳蚤那样。

有些作家像乞丐的衣服满是跳蚤,时常使读者感到快乐的激动。发痒便是好事。

研究任何题目的最好方法,就是先抱一种不合意之态度。如是一人必不至被骗。他读过一个不合意的作家之后,便较有准备去读较合意的作家了。批评的心思就是这样成形的。

作家对词字本身始终本能地感到兴趣。每一词字皆有其生命及个性, 此种生命及个性在普通字典中找不到,《简明牛津字典》("Concise Oxford Dictionary") 或 《袖珍牛津字典》("Pocket Oxford Dictionary")之类不在此例。

一本好字典是可读一读的,例如《袖珍牛津字典》。世间有两个文字之宝藏,一新一旧。旧宝藏在书本中,新宝藏在平民之语言中。第二流的艺术家将在旧宝藏中发掘,唯有第一流的艺术家才能由新宝藏中得到一些东西。旧宝藏的矿石已经制炼过,新宝藏的矿石则否。

王充分(一)"儒生"(能通一经),(二)"通人"(博览古今),(三)"文人"(能作上书奏记),(四)"鸿儒"(能精思著文连接篇章)。(一)与(二)相对,言读书;(三)与(四)相对,言著作。"鸿儒"即所谓思想家;"文人"只能作上书奏记,完全是文字上笔端上功夫而已。思想家必须殚精竭虑,直接取材于人生,而以文字为表现其思想之工具而已。"学者"作文时善抄书,抄得越多越是"学者"。思想家只抄自家肚里文章,越是伟大的思想家,越靠自家肚里的东西。

学者如乌鸦,吐出口中食物以饲小鸟。思想家如蚕,所吐出的不是桑叶而是丝。

文人作文,如妇人育子,必先受精,怀胎十月,至肚中剧痛,忍无可忍,然后出之。多读有骨气文章有独见议论,是受精也。时机未熟,擅自写作,是泻痢腹痛误为分娩,投药打胎,则胎死。出卖良心,写违心话,是为人工打胎,胎亦死。及时动奇思妙想,胎活矣大矣,腹内物动矣,心窃喜。至有许多话,必欲迸发而后快,是创造之时期到矣。发表之后,又自诵自喜,如母牛舐犊。故文章自己的好,老婆人家的好。笔如鞋匠之大针,越用越锐利,结果如锈花针之尖利。但一人之思想越久越圆满,如爬上较高之山峰看景物然。

当一作家恨某人,想写文加以痛骂,但尚未知其人之好处时,他应该把笔再放下来,因为他还没有资格痛骂那个人也。

(丁)性灵派

三袁兄弟在十六世纪末叶建立了所谓"性灵派"或"公安派"(公安为袁氏的故乡),这学派就是一个自我表现的学派。"性"指一人之"个性","灵"指一人之"灵魂"或"精神"。

文章不过是一人个性之表现和精神之活动。所谓"divine afflatus"不过是此精神之潮流,事实上是腺分泌溢出血液外之结果。

书法家精神欠佳,则笔不随心;古文大家精神不足,则文思枯竭。

昨夜睡酣梦甜,无人叫而自醒,精神便足。晨起啜茗或啜咖啡,阅报无甚逆耳新闻,徐步入书房,窗明几净,惠风和畅——是时也,作文佳,作画佳,作诗佳,题跋佳,写尺牍佳。

凡所谓个性,包括一人之体格、神经、理智、情感、学问、见解、经验、阅历、好恶、癖嗜,极其错综复杂。先天定其派别,或忌刻寡恩,或爽直仗义,或优柔寡断,或多病多愁,虽父母师傅之教训,不能易其骨子丝毫。又由后天之经历学问,所见所闻,的确感动其灵知者,集于一身,化而为种种成见、怪癖、态度、信仰。其经历来源不一,故意见好恶亦自相矛盾,或怕猫而不怕犬,或怕犬而不怕猫。故个性之心理学成为最复杂之心理学。

性灵派主张自抒胸臆,发挥己见,有真喜,有真恶,有奇嗜,有奇忌,悉数出之,即使瑕瑜并见,亦所不顾,即使为世俗所笑,亦所不顾,即使触犯先哲,亦所不顾。

性灵派所喜文字,于全篇取其最个别之段,于全段取其最个别之句,于造句取其最个别之辞。于写景写情写事,取其自己见到之景,自己心头之情,自己领会之事。此自己见到之景,自己心头之情,自己领会之事,信笔直书,便是文学,舍此皆非文学。

《红楼梦》中林黛玉谓"如果有了奇句,连平仄虚实不对,却使得的",亦是性灵派也。

性灵派又因倾重实见,每每看不起辞藻虚饰,故其作文主清淡自然,主畅所欲言,不复计较字句之文野,即崇奉孟子"辞达而已"为正宗。

文学之美不外是辞达而已。

此派之流弊在文字上易流于俚俗(袁中郎),在思想上易流于怪妄(金圣叹),讥讽先哲(李卓吾),而为正人君子所痛心疾首,然思想之进步终赖性灵文人有此气魄,抒发胸襟,为之别开生面也,否则陈陈相因,千篇一律,而一国思想陷于抄袭模仿停滞,而终至于死亡。

古来文学有圣贤而无我,故死,性灵文学有我而无圣贤,故生。

唯在真正性灵派文人,因不肯以议论之偏颇怪妄惊人。苟胸中确见如此,虽孔孟与我雷同,亦不故为趋避;苟胸中不以为然,千金不可易之,圣贤不可改之。

真正之文学不外是一种对宇宙及人生之惊奇感觉。

宇宙之生灭甚奇,人情之变幻甚奇,文句之出没甚奇,诚而取之,自成奇文,无所用于怪妄乖诡也。实则奇文一点不奇,特世人顺口接屁者太多,稍稍不肯人云亦云而自抒己见者,乃不免被庸人惊诧而已。

性灵派之批评家爱作者的缺点。性灵派之作家反对模拟古今文人,亦反对文学之格套与定律。袁氏兄弟相信:"信腕信口,皆成律度",又主张文学之要素为真。李笠翁相信文章之要在于韵趣。袁子才相信文章中无所谓笔法。黄山谷相信文章的词句与形式偶然而生,如虫在木头上啮成之洞孔。

(戊)闲适笔调

闲适笔调之作者以西文所谓"衣不扣钮之心境"(unbut-toned mood)说话,瑕疵俱存,故自有其吸人之媚态。

作者与读者之关系不应如庄严之塾师对其生徒,而应如亲熟故交。如是文章始能亲切有味。

怕在文章中用"吾"字者,必不能成为好作家。

吾爱撒谎者甚于谈真理者,爱轻率之撒谎者甚于慎重之撒谎者,因其轻率乃他喜爱读者之表现也。

吾信任轻率之傻子而猜疑律师。

轻率之傻子乃国家最好之外交家。他能得民心。

吾理想中之好杂志为半月刊,集健谈好友几人,半月一次,密室闲谈。读者听其闲谈两小时,如与人一夕畅谈,谈后卷被而卧,明日起来,仍旧办公抄账,做校长出通告,自觉精神百倍,昨晚谈话滋味犹在齿颊间。

世有大饭店,备人盛宴,亦有小酒楼,供人随意小酌。吾辈只望与三数友人小酌,不愿赴贵人盛宴,以其小拘牵故也。然吾辈或在小酒楼上大啖大嚼,言笑自若,倾杯倒怀之乐,他人皆不识也。

世有富丽园府,亦有山中小筑,虽或名为精舍,旨趣与朱门绿扉婢仆环列者固已大异。入其室,不闻忠犬唁唁之声。不见司阍势利之色,出其门,亦不看见不干净之石狮子,唯如憺漪子所云:"譬如周,程,张,朱辈拱揖列席于虑羲氏之门,忽有曼倩子瞻,不衫不履,排闼而入,相与抵掌谐谑,门外汉或啧啧惊怪,而诸君子必相视莫逆也。"

(己)何谓美

近来"作文讲话","文章作法"的书颇多。原来文采文理之为物,以奇变为贵,以得真为主,得真则奇变,奇变则文采自生,犹如潭壑溪涧未尝准以营造法尺,而极幽深峭拔之气,远胜于运粮河,文章岂可以作法示人哉!天有星象,天之文也;名山大川,地之文也;风吹云变而锦霞生,霜降叶落而秋色变。夫以星球运转,棋列错布,岂为吾地上人之赏鉴,而天狗牛郎,皆于天意中得之。地层伸缩,翻山倒海,岂为吾五岳之祭祀,而太华昆仑,澎湃而来,玉女仙童,耸然环立,供吾赏览,亦天工之落笔成趣耳。以无心出岫之寒云,遭岭上狂风之叱咤,岂尚能为衣裳着想,留意世人顾盼?然鳞章鲛绡,如锦如织,苍狗吼狮,龙翔凤舞,却有大好文章。以饱受炎凉之林树,受凝霜白露之摧残,正欲收拾英华,敛气屏息,岂复有心粉黛为古道人照颜色?而凄凄肃肃,冷冷清清,竟亦胜于摩诘南宫。

推而至于一切自然生物,皆有其文,皆有其美。枯藤美于右军帖,悬岩美于猛龙碑,是以知物之文,物之性也,得尽其性,斯得其文以表之。故曰,文者内也,非外也。马蹄便于捷走,虎爪便于搏击,鹤胫便于涉水,熊掌便于履冰,彼马虎熊鹤,岂能顾及肥瘦停匀,长短合度,特所以适其用而取其势耳。然自吾观之,马蹄也,虎爪也,鹤胫也,熊掌也,或肉丰力沉,颜筋柳骨,或脉络流利,清劲挺拔,或根节分明,反呈奇气。他如象蹄如隶意,狮首有飞白,斗蛇成奇草,游龙作秦篆,牛足似八分,麋鹿如小楷,天下书法,粲然大备,奇矣奇矣。所谓得其用,取其势,而体自至。作文亦如是耳。势至必不可抑,势不至必不可展,故其措辞取义,皆一片大自然,浑浑噩噩,而奇文奥理亦皆于无意中得之。盖势者动之美,非静之美也。故凡天下生物动者皆有其势,皆有其美,皆有其气,皆有其文。

中国的人文主义

　　欲明了中国人对于生命之理想,先应明了中国之人文主义(Humanism),人文主义这个名词的意义,未免暧昧不明。但中国人之人文主义,自有其一定之界说,它包括:第一点,人生最后目的之正确的概念;第二点,对于此等目的之不变的信仰;第三点,依人类情理的精神以求达到此等目的。情理即为"中庸"之道,中庸之道的意义又可以释作普通感性之圭臬。

　　人生究有何种意义,何等价值,这个问题曾费尽了西方哲学家许多心思,错综纠纷,终未能予以全般之解释——这是从目的论的观点出发的天然结果,目的论盖认为宇宙间一切事物连同蚊虫和窒扶斯菌在内,都是为了人类的福利而产生的。因为这个人生太痛苦,太惨愁,殆无法创设一完善之解答以满足人类的自尊心。目的论因是又转移到第二个人生，这个现世的尘俗的生命因是被看做下一世生命的准备。这种学理与苏格拉底（Socrates）的逻辑相符合，他把悍妻视作训练丈夫性情的天然准备。这一个论证上左右为难的闪避方法，有时给吾们的心灵以暂时的安宁。但是那永久不熄的问题又复出现："人生究有何种意义？"尼采则毅然决然不避艰难地拒绝假定人生应有目的，而深信人类生命之进程是一个循环，人类的事业乃为无目的之野人的舞踊，非为有目的之往返于市场。但是这个问题仍不断地出现，有似海浪之拍岸："人生究有何种意义？"

　　中国人文主义者却自信他们已会悟了人生的真正目的。从他们的会悟观之，人生之目的并非存于死亡以后的生命，因为像基督所教训的理想谓：人类为牺牲而生存这种思想是不可思议的；也不存于佛说之涅槃，因为这种说法太玄妙了；也不存于事功的成就，因为这种假定太虚夸了；也不存于为进步而前进的进程，因为这种说法是无意义的。人生真正的目的，中国人用一种单纯而显明的态度决定了，它存在于乐天知命以享受朴素的生活。尤其是家庭生活与和谐的社会关系。曩时，启蒙的学童所习诵的第一首诗即为下面的一首：

> 云淡风轻近午天，
> 傍花随柳过前川；
> 时人不识余心乐，
> 将谓偷闲学少年。

　　这一首小诗不独表现诗的情感，它同时表现着人生的"至善至德"的概念。中国人对于人生的理想是浸透于此种情感中的。这一种人生的理想既不是怀着极大野心，也不是玄妙而不可思议，它是无尚的真理,我还得说它是放着异彩的淳朴的理想,只有脚踏实地的中国精神始能领悟之。吾人诚不解欧美人何以竟不能明了人生目的即在纯洁而健全地享受人生。中西本质之不同好像是这样的:西方人较长于进取与工作而拙于享受,中国人则善于享受有限之少量物质。这一个特性,吾们的集中于尘俗享乐的意识,即为宗教不能存在之原因,也就是不存在的结果。因为你倘使不相信现世此一生命的终结系于下一世的生命的开始,天然要在这一出现世人生趣剧未了以前享受所有的一切。宗教之不存在,使此等意识之凝集尤为可能。

从这一种意识的凝集,发展了一种人文主义,它坦白地主张以人类为中心的宇宙学说而制下了一个定则:一切知识之目的,在谋人类之幸福。把一切知识人性化,殆非容易之上作,因为人类心理或有陷于歪曲迷惑之时,他的理智因而被其逻辑所驱使而使他成为自己知识的工具。是以只有用敏锐的眼光、坚定的主意,把握住人生的真正目的若可以明见者然,人文主义始克自维其生存。人文主义在拟想来世的宗教与现代之物质主义之间占一低微之地位。佛教在中国可说控制了大部分民间的思想,但忠实的孔教徒常含蓄着内在的愤怒以反抗佛教之势力,因为佛教在人文主义者的目光中仅不过为真实人生之逃遁或竟是否定。

另一个方面,现代文明的世界方劳役于过度发展的机械文明,似无暇保障人类去享受他所制造的物质。铅管设备在美国之发达,使人忘却人类生活之缺乏冷热水管者同样可以享受幸福之事实,像在法国,在德国,许许多多人享着舒适之高龄,贡献其重要的科学发明,写作有价值的巨著,而他们的日常生活,固多使用着水壶和老式水盆也。这个世界好像需要一个宗教,来广布耶稣安患日之著名格言,并宣明一种教义:机械为服役于人而制造,非人为服役于机械而产生。总而言之,一切智慧之极点,一切知识之问题乃在于怎样使"人"不失为"人"

和他的怎样善享其生存。

闲话《查泰莱夫人的情人》

朱柳两位老人正在暗淡的灯下闲谈，因为此时虽是民国三十五年，苏州城外居户大半还没有电灯。在二十八年曾经因沪宁公路通行，苏州的马路上屡次发现汽车的踪迹，后经吴门人士一体反对，报上也曾有过一次剧烈的辩论，才把汽车禁绝了。柳先生饭后无事，过来找朱先生攀谈，在这暗淡的灯光之下，看得最清楚的就是朱先生一支旱烟管，下垂着一个烟袋，卷烟云缭绕而上。

"早晨在我的箱箧里翻出一部旧稿。"朱先生指红木桌上一部黄纸的书稿说，"看来倒还有趣。但这是不预备发表的。"

"怎么不发表？"

"还有末段两间未写，且有一段译得不甚满意。起初我想发表，拿给一家书局看，书局不敢要。过了半年，书局忽然来信要了，我迟疑莫决起来，主张不发表。我想一本书如同对说话一样，也得可与言而与之方，才不至于失言。劳伦斯的话是对成年人讲的，他不大容易懂，给未成熟的社会读了，反而不得其言……"

"报上也常听见劳伦斯的名字，大概是说他的作品诲淫罢了。"

"自然，报纸上哪里有什么别的东西可谈，就是说，人家也不懂。现代孤芳自赏的作者，除非不做书，或做趋时的书，凡得被人拖到十字街头示众，顶好还是可以利用做香水肥皂的广告。还是德谟克拉西的恩赐，大家都识字了，报纸是大众唯一的读物，为了逢迎读者，报纸除了刊登奸淫杀掠的新闻以外，还有什么可谈呢？只有卖便药式的文章及广告才能把得住读者。你告诉读者科学的理论,他们要听吗?现在的作社论,传宗教,讲文学,都是取法于卖便药的广告;文人、教士、政客都跟走江湖卖膏药的庸医差不多。不吃病也好,还有人肯买你的药吗?我颇不愿使劳伦斯的作品沦为走江湖卖膏药的文学,所以也不愿发表了。"

"那么,劳伦斯的作品与中国的《金瓶梅》比何如呢?"

"其间只有毫发之差罢了。庸医良医不是都戴眼镜,都会按脉,都会打针吗?我不是要贬抑《金瓶梅》,《金瓶梅》有大胆,有技巧,但与劳伦斯不同——我自然是在讲他的《查泰莱夫人的情人》。劳伦斯也有大胆,也有技巧,但是不同的技巧。《金瓶梅》是客观的写法,劳伦斯是主观的写法。《金瓶梅》以淫为淫,劳伦斯不以淫为淫。这淫字别有所解,用来总不大合适。老柳,你也许不相信,劳伦斯是提倡肾囊的健康,但是结果肾囊二字,在他用来不觉为耻,不觉为耻,故亦无耻可言。你也许不相信,《金瓶梅》描写性交只当性交,劳伦斯描写性交却是另一回事,他把人的心灵全解剖了。在于灵与肉复合为一。劳伦斯可说是一返俗高僧吃鸡和尚吧。因有此不同,故他全书的结构就以这一点意义为主,而性交之描写遂成为全书艺术脉络都贯穿其中,因此而含蓄意义。而且写来比《金瓶梅》细腻透彻,《金瓶梅》所体会不到的,他都体会到了。在于劳伦斯,性交是含蓄一种主义的。这是劳伦斯与《金瓶梅》之不同。"

"这怎么讲法?"

"你不看见,当查泰莱夫人裸体给麦洛斯簪花于下身之时,他们正在谈人生、骂英人吗?劳伦斯此书是骂英人,骂工业社会,骂机器文明,骂黄金主义,骂理智的。他要人归返于自然的、艺术的、情感的生活。劳伦斯此书是看见欧战以后人类颓唐失了生气,所以发愤而作的。"

"现代英国人也失了生气了吗？"

"在我看来倒不，但在劳氏看来是如此。若使我们奄奄待毙的中国人给劳氏看来，那简直无话可以形容了。我想他非用市井最下流的恶骂来骂不够出气。你要明白他的全书意旨，须看准他所深恶痛绝的对象。他骂英国人没情感，男人无睾丸，女人无臀部，就是这个意思。麦洛斯表示轻鄙查泰莱爵士一辈人时，查泰莱夫人问：

"'他一辈人怎样？'

"'你比我知道得清楚。那种娘娘腔的白脸的青年，没有蛋。'

"'什么蛋？'

"'蛋！男人的蛋！'

"她沉思这句话的意义。

"'但是问题是不是在这点？'

"'一人呆笨，你说他没有头脑；一人促狭，你说他没有心肠；一人懦怯，你说他没有肝胆。一人若没有一点大丈夫气，你说他没有睾丸，这人就委靡不振了。'"

朱先生翻开他的旧稿说："我念一段给你听听。工业制度，社会规矩，小白脸的无人气，都骂在里头。你明白他对战后英人的愤慨，你就难怪他所以不惜用极粗鄙淫猥的话骂他们的理由。这是一种反抗，不这样骂，不出气的。麦洛斯说：

"'他们一辈最卑鄙的贱流。'上校常对我说：'老麦，英国的中等阶级一口饭就得嚼三十次，因为他们的肚肠太窄了，一粒小豆般的东西就可以塞得胃肠不通。天地间就没看见过这样小姐式的鸟，又自豪，又胆小，连鞋带结得不合适都省人家见笑，又像陈老的野味一般的霉腐，而又自以为合圣道。所以我吃不消，再不振作了。叩头，叩头，舔屁

股舔到舌头也厚起来了,然而他们还是自以为尽合圣道。而人只有半只睾丸。'

"康妮(查泰莱夫人)笑了。雨还潺潺不住。

"'他一定痛恨他们!'

"'不,'他说,'他不管了。只是讨厌他们。这有不同,因为他说,连丘八近来也跟他们一样拘泥小气,睾丸一样不全,肝肠一样窄小。这类人注定了应走的命运。'

"'连平民,连工人,也这样吗?'

"'全伙都这样。他们的人气都完了。汽车、电影、飞机把我们还遗留的一点人气都吸完了。你听我说:一代不如一代了,越来越像兔子,橡皮管做的肝肠,马口铁的脚腿,马口铁的面孔,马口铁的人!这是一种布尔雪维克主义慢慢地把人味儿戕贼了代以崇拜机器味儿。金钱、金钱、金钱!一切现代人只把人情人道戕害创伤当做玩乐,把老亚当老夏娃踩成肉脍大家都一样的。世界都一样的:把活活的一个人闷死了,割掉一张茎皮一金镑,割掉两只睾丸两金镑。阴户还不是跟机器一样吗?大家都一样的。我们出钱,叫他们替我们割掉阳物。给他们钱、钱、钱,叫他们把人类的阳气都消灭了,而只留下一些孤弱无能的机器。'"

这书就是这样一个脉络贯穿着,时时爆发出来为谩骂淫鄙而同时描写美的文字。劳伦斯的文字之美是不必说的。所以他全书结构写一战后阳痿而断了两腿的公爵(实为准男爵 Baronet)要一健全的中等阶级女子做夫人,及夫人求健全的性爱于代表作者主义的园丁麦洛斯。所以他引 Henry James 的话,处处骂他们的金钱崇拜,为崇拜母狗(Bitch Goddess)——母狗就是金钱的富有及商业的成功。查泰莱夫人康妮看见她的丈夫管工厂,着发财迷,就恐慌起来。所以她想到将来的美国,想到她自己为这样的人类怀孕传种,就不敢想下去了。所以麦洛斯说：

"'我要把机器全部消灭,不使存在于这世上,而把这工业时代收场得干干净净,像一场噩梦。但是我既然没有这本事,别人也没有这本事,所以只好沉默下去,自顾自地生活。'

"'劳伦斯的意思是要返璞归真,回到健全的、本能的、感情的生活。'"

"我明白了,"柳先生说,"那么,他描写性交,也就带这种玄学的意义?"

"是的,性交就是健全本能的动作之一。他最痛恨就是理智、心灵、而没有肉体。在这点,他和赫胥黎(Aldous Huxley)诸人一样,讥笑不近人情的机器文明。他和孔孟一样,主张'道不远人,人以为道而远人,不可以为道。'劳伦斯多少有东方思想的色彩。在书的前部,有一段记述几人的闲谈。说未来世界,女人生产也不要了,恋爱也不要了。但是扁纳雷夫人说: '我想,如果恋爱也没有了,总有别的东西来代替。或者用吗啡。空气中都散布一点吗啡。……'

"'政府每星期六散布一点吗啡于空。'杰克说……

"'我们身体都可不要了。'又一人说。

"'你想我们大家都化成烟,岂不好吗?'康妮(讥笑地)说。

"所以康妮在以下一段就心里想着说:

"'给我肉感的德谟克拉西,给我肉身的复活。'因此你也可以明白他描写性交的意义了。"

柳先生说:"但是你所谓他全书的命脉,文字最特色的性交描写与《金瓶梅》是怎样的不同?"

"是的,我们不是健全的,偶一人冬天在游泳池旁逡巡不敢下水,只佩服劳伦斯下水的勇气而已。这样一逡巡,已经不大心地光明。裸体是不淫的,但是待要脱衣又脱衣的姿态是淫的。我们可借助的劳伦斯的勇气,一跃下水。"

劳伦斯有此玄学的意味,写来自然不同。他描写妇人怀孕,描写性交的感觉,是同一样带玄学色彩。是同大地回春,阴阳交泰,花放蕊,兽交尾一样的。而且同西人小说在别方面的描写一样,是主观,用心灵解剖的方法。我的译稿是不好的,不及他文字之万一。姑就一段念给你听吧:

"他也已露了他身体的前部,而当他凑上时,她觉得他赤身的肉。有一时,他在她身中不动,坚硬而微颤。到了他在无可奈何之发作中开始振动时,她的身中发觉一种异样的快感在摇摇曳曳地波动。摇摇曳曳的,如鸿毛一般的温柔,像温柔的火焰腾跃,翻播,时而射出明焰,美妙,美妙融化了她全已融化的内部。像钟声的摇摇浮动,愈增洪亮。她躺着,不觉她最后发出细小的浪声……她的子宫的全部湿润开放,像潮水中的海葵,温柔地祈求着他再进来,为她完结。她热烈地抱住他,而不全然脱出,而她觉得他的细蕊在她的身中活动起来,而神异的节奏在神异的波浪中浮动充溢她的体内,其实不是真正动作,只是一种感觉的清澈无辩论的旋涡,旋转直下,深入她一切的肉质及感觉,直到她变成一团旋流不断的热情,而她躺着发出不自觉的呜咽不明的呼声……"

这种文字,可说是淫词了。但是我已说过淫字别有意义,用在劳伦斯总觉得不大相宜。这其间的不同,只在毫发之差。性交在于劳伦斯是健全的,美妙的,不是罪恶,无可羞惭,是成年人人人所常举行的。羞耻才是罪感。所以他在书后有一段说:

"'诗人及一切的人都在说谎!他们叫我们相信我们所要的是情感。我们最需要的是这锐敏的、融化的、相信可怕的肉欲。只要有一人敢这样做,不要羞耻,不要忏恶,不要后悔!假如他过后羞惭,而叫我们也羞惭,那岂不淫秽!'"

朱先生放弃他的译稿,看见柳先生的脸上又回到清净的神态,露出妙悟的笑容。柳先生此时似乎明白了。他觉得可以听下去,而不觉羞惭,而反以霎时前羞惭之认为淫邪。

"劳伦斯的作品的确难读啊!"柳先生吸一口烟慨叹地说。

朱先生起立,推开窗户,放入一庭的月光与疏影。墙外闻见卖夜食者的叫卖声。

林语堂

第六篇

万古千秋一寸心

乐园失掉了吗

在这行星上的无数生物中，所有的植物对于大自然完全不能表示什么态度，一切动物对于大自然，也差不多没有所谓"态度"。然而世界居然有一种叫做人类的动物，对于自己及四周的环境，均有相当的意识，因而能够表示对于周遭事物的态度：这是很可怪的事情。人类的智慧对宇宙开始在发出疑问，探索它的秘密，而寻觅它的意义。

人类对宇宙有一种科学的态度，也有一种道德的态度。在科学方面，人类所想要发现的，就是他所居住的地球的内部和外层的化学成分，地球四周的空气的密度，那些在空气上层活动着的宇宙线的数量和性质，山与石的构成，以及统御着一般生命的定律。这种科学的兴趣与道德的态度有关，可是这种兴趣的本身纯粹是一种想知道和想探索的欲望。在另一方面，道德的态度有许多不同的表现，对大自然有时要协调，有时要征服，有时要统制和利用，有时则是目空一切的鄙视。最后这种对地球目空一切的鄙视态度，是文化上一种很奇特的产品，尤其是某些宗教的产品。这种态度发源于"失掉了乐园"的假定，而今日一般人因为受了一种原始的宗教传统的影响，对于这个假定，信以为真，这是很可怪的。

对于这个"失掉了的乐园"的故事是否确实，居然没有一个人提出疑问来，可谓怪事。伊甸乐园究竟是多么美丽呢？现在这个物质的宇宙究竟是多么丑恶呢？自从亚当和夏娃犯罪以后，花不再开了吗？上帝曾否因为一个人犯了罪而咒诅苹果树，禁止它再结果呢？或是他曾否决定要使苹果花的色泽比前更暗淡呢？金莺、夜莺和云雀不再唱歌了吗?雪不再落在山项上了吗?湖沼中不再有反影了吗?落日的余晖、虹影和轻雾,今日不再笼罩在村落上了吗?世界上不再有直泻的瀑布、潺潺的流水和多荫的树木了吗? 所以,"乐园失掉了"的神话是什么人杜撰出来的呢?什么人说我们今日是住在一个丑陋的世界呢?我们真是上帝纵容坏了的忘恩负义的孩子。

我们得替这位纵容坏了的孩子写一个譬喻。有一次,世界上有一个人,他的名字我们现在暂且不说出来。他跑去向上帝诉苦说,这个地球给他住起来还不够舒服,他说他要住在一个有珍珠门的天堂。

上帝起初指着天上的月亮给他看,问他说,那不是一个好玩的玩具吗? 他摇一摇头。他说他不愿看月亮。接着上帝指着那些遥远的青山,问他说,那些轮廓不是很美丽吗?他说那些东西很平凡。后来上帝指着兰花和三色堇菜的花瓣给他看,叫他用手指去抚摩那些柔润的花瓣,问他道,那色泽不是很美妙吗?那个人说:"不。"具着无限的忍耐的上帝带他到一个水族馆去,指着那些檀香山鱼的华丽的颜色和形状给他看,可是那个人说他对此不感兴趣。上帝后来带他到一棵多荫的树木下去,命令一阵凉风向他吹着,问他道,你不能感到个中的乐趣吗? 但那个人又说他觉得那没有什么意思。接着上帝带他到山上一个湖沼边去,指给他看水的光辉,石头的宁静,和湖沼中的美丽的反影,给他听大风吹过松树的声音,可是那个人说,他还是不感到兴奋。

上帝以为他这个生物的性情不很柔和,需要比较兴奋的景色,所以便带他到洛矶山顶,到大峡谷,到那些有钟乳石和石笋的山洞,到那时喷时息的温泉,到那有沙冈和仙人掌的沙漠,到喜马拉雅山的雪地,到扬子江水峡的悬崖,到黄山上的花岗石峰,到尼格拉瀑布的澎湃的急流,问他说,上帝难道没有尽力把这个行星弄得很美丽,以娱他的眼睛、耳朵和肚子吗?可是那个人还是在吵着要求一个有珍珠门的天堂。那个人说:"这个地球给我住起来还不够舒服。"上帝说:"你这狂妄不逊、忘恩负义的贱人！原来这个地球给你住起来还不够舒服。那么，我要把你送到地狱里去，在那里你将看不到浮动的云和开花的树，也听不到潺潺的流水，你得永远住在那边，直到你完结了你的一生。"上帝就把他送到一间城市的公寓里去居住。他的名字叫做克里斯建（Christian——意译为"基督徒"）。

这个人显然是很难满足的。上帝是否能够创造一个天堂去满足他，还是问题呢。以他的百万富翁的心理错综，我相信在天堂住到第二星期，对于那些珍珠门一定会感到相当厌倦，而上帝到那时候一定是束手无策，想不出什么办法可以博得这个纵容坏了的孩子的欢心了。

一般人都相信：现代的天文学在探索整个看得见的宇宙时，是在强迫我们承认这个地球本身便是一个天堂，而我们梦想中的"天堂"必须占据相当的空间；它既然占据了相当的空间，一定是在穹苍的什么星辰上，除非它是在星辰当中的空虚之中。这个"天堂"既然是在一颗有月亮或无月亮的星辰上，我真想象不出一个比我们的地球更好的处所。当然那边也许不只有一个月亮，而有十二个月亮，粉红色的，紫色的，绀青色的，青色的，橙黄色的，刺贤埏尔色的（lavender），绿色的，蓝色的，此外也许还有更好而且更常见的彩虹。可是我相信一个人如果对一个月亮感不到满足，对十二个月亮也会感到厌倦；一个人如果对于时或出现的雪景和彩虹感不到满足，对更好而且更常见的彩虹也会感到厌倦。那边一年中也许不只有四季，而有六季，春和夏，昼和夜的递变也许一样的美丽，可是我不知道那有什么不同。如果一个人不会享受地球上的春和夏，他怎么能够享受天堂上的春和夏？

我现在说起这种话来，也许是个傻瓜或非常明哲的人，可是我的确不赞成佛教徒或基督教徒的愿望：他们假想着一个不占空间，而由纯粹的精神创造出来的天堂，因此企图逃避感官和物质上的东西。在我自己看来，住在这个行星上跟住在别个行星上是一样的。的确没有一个人可以说这个行星上的生活是单调无聊的。如果一个人对于气候的变迁,天空色彩的改变,各季节中的果实的美妙香味,各月中盛开的花儿,感不到满足,他还是自杀的好,不要再徒劳无功地企图追求一个无实现可能的天堂,因为这个天堂也许可以使上帝感到满足,却不能使人类感到满足。

以今日的实际事实而言,大自然的景色、声音、气息和味道,与我们的视觉、听觉、嗅觉、味觉等感官之间,是有着一种完美的,几乎是神秘的协调的。这种宇宙的景色,声音和气息与我们的知觉之间的协调,乃是极完美的协调,这种协调成为目的论(伏尔泰所讥笑的目的论)最有力的理由。可是我们不必都变成目的论者。上帝也许曾请我们去参加这个宴会,或许不会请我们。中国人的态度是:不管上帝有没有邀请我们,我们都是要参加宴会的。当菜看来那么美味可口,而我们的胃口又这么好的时候,不去尝尝盛宴的味道,可就太不近情了。让哲学家们从事他们的形而上学的研究,探索出我们是否也是被邀请的宾客吧;那个近情的人却趁菜看还没有冷的时候,狼吞虎咽起来。饥饿往往是和健全的常识接连在一起的。

我们这个行星是个很好的行星:

第一,这里有昼和夜的递变,有早晨和黄昏,凉爽的夜间跟在炎热的白昼的后边,沉静而晴朗的清晨预示着一个事情忙碌的上午:宇宙间真没有一样东西比此更好。

第二,这里有夏天和冬天的递变;这两节季本身已经是十全十美了,可是还有春天和秋天可以逐渐地把它们引导出来,使它们更加完美:宇宙间真没有一样东西比此更好。

第三,这里有沉静而庄严的树木,在夏天使我们得到阴影,可是在冬天并没有把温暖的阳光遮蔽了去:宇宙间真没有一样东西比此更好。

第四,这里在十二个月的循环中,有盛开的花儿和成熟的果实:宇宙间真没有一样东西比此更好。

第五,这里有多云多雾的日子,也有明朗光亮的日子:宇宙间真没有一样东西比此更好。

第六,这里有春天的骤雨,有夏天的雷雨,秋天的干燥凉爽的清风,也有冬天的白雪:宇宙间真没有一样东西比此更好。

第七,这里有孔雀、鹦鹉、云雀和金丝雀唱着不可模拟的歌儿:宇宙间真没有一样东西比此更好。

第八,这里有动物园,其中有猴子、老虎、熊、骆驼、象、犀牛、鳄鱼、海狮、牛、马、狗、猫、狐狸、松鼠、土拨鼠以及各色各样的奇特的动物,其种类之多是我们想象不到的:宇宙间真没有一样东西比此更好。

第九,这里有虹霓鱼、剑鱼、白鳗、鲸鱼、鲦鱼、蛤、鲍鱼、龙虾、小虾、蠼龟以及各色各样的奇特的鱼类,其种类之多是我们想象不到的:宇宙间真没有一样东西比此更好。

第十,这里有雄伟的美洲杉树、喷火的火山、壮丽的山洞、巍峨的山峰、起伏的山脉、恬静的湖沼、蜿蜒的江河和多荫的水涯:宇宙间真没有一样东西比此更好。

这种可以配合个人口味的菜单,简直是无穷尽的;人们唯一近情的行为便是去参加这个宴会,而不要埋怨人生的单调。

秋天的况味

　　秋天的黄昏，一人独坐在沙发上抽烟，看烟头白灰之下露出红光，微微透露出暖气，心头的情绪便跟着那蓝烟缭绕而上，一样的轻松，一样的自由。不转眼缭烟变成缕缕的细丝，慢慢不见了，而那霎时，心上的情绪也跟着消沉于大千世界，所以也不讲那时的情绪，而只讲那时的情绪的况味。待要再划一根洋火，再点起那已点过三四次的雪茄，却因白灰已积得太多，点不着，乃轻轻地一弹，烟灰静悄悄地落在铜炉上，其静寂如同我此时用毛笔写在中纸上一样，一点的声息也没有。于是再点起来，一口一口地吞云吐露，香气扑鼻，宛如偎红倚翠温香在抱情调。于是想到烟，想到这烟一股温煦的热气，想到室中缭绕暗淡的烟霞，想到秋天的意味。这时才想起，向来诗文上秋的含义，并不是这样的，使人联想的是萧杀，是凄凉，是秋扇，是红叶，是荒林，是萋草。然而秋确有另一意味，没有春天的阳气勃勃，也没有夏天的炎烈迫人、也不像冬天之全入于枯槁凋零。我所爱的是秋林古气磅礴气象。有人以老气横秋骂人，可见是不懂得秋林古色之滋味。在四时中，我于秋是有偏爱的，所以不妨说说。秋是代表成熟，对于春天之明媚娇艳，夏日之茂密浓深，都是过来人，不足为奇了，所以其色淡，叶多黄，有古色苍茏之慨，不单以葱翠争荣了。这是我所谓秋的意味。大概我所爱的不是晚秋，是初秋，那时暄气初消，月正圆，蟹正肥，桂花皎洁，也未陷入凛冽萧瑟气态，这是最值得赏乐的。那时的温和，如我烟上的红灰，只是一股熏熟的温香罢了。或如文人已排脱下笔惊人的格调，而渐趋纯熟练达，宏毅坚实，其文读来有深长意味。这就是庄子所谓"正得秋而

万宝成"结实的意义。在人生上最享乐的就是这一类的事。比如酒以醇
以老为佳。烟也有和烈之辨。雪茄之佳者,远胜于香烟,因其味较和。倘
是烧得得法,慢慢地吸完一支,看那红光炙发,有无穷的意味。鸦片吾
不知,然看见人在烟灯上烧,听那微微哔剥的声音,也觉得有一种诗
意。大概凡是古老,纯熟,熏黄,熟练的事物,都使我得到同样的愉快。
如一只熏黑的陶锅在烘炉上用慢火炖猪肉时所发出的锅中徐吟的声
调,是使我感到同观人烧大烟一样的兴趣。或如一本用过二十年而尚
未破烂的字典,或是一张用了半世的书桌,或如看见街上一块熏黑了
老气横秋的招牌,或是看见书法大家苍劲雄深的笔迹,都令人有相同
的快乐,人生世上如岁月之有四时,必须要经过这纯熟时期,如女人发
育健全遭遇安顺的,亦必有一时徐娘半老的风韵,为二八佳人所绝不
可及者。使我最佩服的是邓肯的佳句:"世人只会吟咏春天与恋爱,真
无道理。须知秋天的景色,更华丽,更恢奇,而秋天的快乐有万倍的雄
壮,惊奇,都丽。我真可怜那些妇女识见偏狭,使她们错过爱之秋天的
宏大的赠赐。"若邓肯者,可谓识趣之人。

人生

　　我想由生物学的观点看起来,人生读来几乎像一首诗。它有其自
己的韵律和拍子,也有其生长和腐坏的内在周期。它的开放就是天真
烂漫的童年时期,接着便是粗拙的青春时期,粗拙地企图去适应成熟
的社会,具有青年的热情和愚憨,理想和野心;后来达到一个活动很剧
烈的成年时期,由经验获得利益,又由社会及人类天性上得到更多的
经验;到中年的时候,紧张才稍微减轻,性格圆熟了,像水果的成熟或

人生不过如此

好酒的醇熟那样地圆熟了，对于人生渐渐抱了一种较宽容，较玩世，同时也较慈和的态度；以后便到了衰老的时候，内分泌腺减少它们的活动，如果我们对老年有着一种真正的哲学观念，而照这种观念去调整我们的生活方式，那么，这个时期在我们的心目中便是和平、稳定、闲逸和满足的时期；最后，生命的火光闪灭了，一个人永远长眠不再醒了。我们应该能够体验出这种人生的韵律之美，应该能够像欣赏大交响曲那样，欣赏人生的主要题旨，欣赏它的冲突的旋律，以及最后的决定。这些周期的动作在正常的人生上是大同小异的，可是那音乐必须由个人自己去供给，在一些人的灵魂中，那个不调和的音符变得日益粗大，结果竟把主要的曲调淹没了。那不调和的音符声响太大了，弄得音乐不能再继续演奏下去，于是那个人开枪自击，或跳河自杀了。可是那是因为他缺少一种良好的自我教育，弄得原来的主旋律被掩蔽了。如果不然的话，正常的人生便会保持着一种严肃的动作和行列，朝着正常的目标而迈进。在我们许多人之中，有时断音或激越之音太多，因为速度错误，所以音乐甚觉刺耳难听；我们也许应该有一些恒河的伟大音律和雄壮的音波，慢慢地永远地向着大海流去。

没有人会说一个有童年、壮年和老年的人生不是一个美满的人生。一天有上午、中午、日落之分，一年有四季之分，这办法是很好的。人生没有所谓好坏之分，只有"什么东西在哪一季节是好的"的问题。如果我们抱这种生物学的人生观，而循着季节去生活，那么，除夜郎自大的呆子和无可救药的理想主义者之外，没有人会否认人生不能像一首诗那样地度过去。莎士比亚曾在他关于人生七阶段那段文章里，把这个观念更明了地表现出来，许多中国作家也曾说过同样的话。莎士比亚永远不曾变成很虔敬的人，也不曾对宗教表示很大的关怀，这是可怪的。我想这便是他伟大的地方。他在大体上把人生当做人生看，正如他不打扰他的戏剧的人物一样，他也不打扰世间一切事物的一般配

227

置和组织。莎士比亚和大自然本身一样,这是我们对一位作家或思想家最大的称赞。他仅是活于世界上,观察人生,而终于跑开了。

快乐必须自己去寻找

作家葛若宁叙述了他的一个经验。有一次他在飞机场等待一架为恶劣天气所阻,久久盘施而不能降落的飞机。时间一小时、一小时地过去。葛先生注意到一位等待未婚妻的青年人那极度焦急不安的情形。时间每过一秒钟,他的情形便跟着恶化。

这位有名的作家知道,若是劝这位青年不要担心是毫无用处的。于是他采用另一种方法,他走向前去和他聊天,问起他未婚妻的情形,她长得什么样子?他们是怎样认识的?于是那青年就非常起劲地谈论起自己的未婚妻,不久他的忧愁竟暂时忘记了。在他不知不觉的时候,飞机已经降落了。

葛先生所用的方法,乃是将积极的思想放在青年人脑中。你脑中若有消极的思想,也可以用同样的方法,将注意力集中在那些使你得着快乐和希望的事物上。

你注意力的焦点平常在哪里?是注意到你的过失,或是你所作的贡献?你所获得的是批评或是夸奖?集中在你的忧虑和恐惧,或是希望与梦想上?是想到失败或是成功?想到所会遇见的障碍,还是所要达到的目的?你所想的是什么,就会决定你的态度,你的态度就决定你的命运。

你的姿势会左右你的情绪。摊在椅子上就会觉得疲倦,挺起胸膛就会觉得精力充沛。软弱无力地坐着就会有怯弱的感觉,直立起来就会高兴及充满生气。

你的声音也会影响自己的情绪。声音柔和，头脑就会冷静，说出尖锐的话，就会有愤怒的感觉。说话迟疑，就觉得不安全。声音坚定有力就会充满信心。

你的举止、走路的样子、说话的方式、写作的笔调，都会影响你的情绪。你对外表及举止加以管制，就能间接地使你的内心焕然一新。

做事的时候，若是熟练技巧不加压力地去做，就不容易感到疲倦，精力也会充沛，就会更容易成为快乐、健康及成功的人。

蒙特里奥大学的赛毅博士说："每个人都有自然的压力水平，在这个程度上，他身心的作用都是最有效的。若是加以任何外力，使他离开了这基本的水平，就会发生不良效果。"

赛毅医生是研究人所受压力的一位权威。他说："对一个生来活泼有精力的人加以压力，使他步伐缓慢，与使一个生来动作缓慢的人加快步伐，二者是同样不好的。"

勉强自己以一种与个性不相配合的速度去工作，乃是最足以破坏宁静与造成忧虑的不智之举。应当从事试验，找出一种最配合你需要的速度。一旦决定了最有效的步伐时，便照着这节拍前进，不要随意更改。

无论什么事情临到，你只要愉快地选择，就可以消除被强迫的感觉，这样也就会使你改变态度。

研究脑科的专家们发现，新的知识和感觉借着我们的感官进入头脑的头三十至六十分钟之内，并没有深深地铭刻在脑中，若在这个时候对它们加以忽视或忘记是最容易的。

有一位专家说，人收到了坏消息之后，不会立刻对它有情绪的反应。脑中只不过有一幅悲伤的景象。若容许这幅景象将它的信息传到小脑，小脑就会将它传到自动神经系统，这时就会发生忧虑的感觉。

懂得享受人生

有些人头发刚刚转白,便自认是风中残烛,老态龙钟起来了;有些人虽已七八十,却仍是精神抖擞,雄心勃勃,照样和后生小伙子一般。

为什么人类的寿命有长有短?为什么有些人未老先衰,有些人老而弥健?衰老的真正原因为何?到了什么程度才能称为老?怎样防止未老先衰呢?

这许多基本问题,都是人类亟待揭开的谜底,虽然这些年来,由于近代医学之赐,疾病的克服与保健的提倡,人类的寿命已一天一天增高,人类的身体也一天比一天强壮,可是长寿的要诀似乎除此三要素之外,还有一个最重要的因素,那便是要懂得人生,唯有懂得人生的人,才能享受人生,才能活得更久。

我们都会看见过许多老先生老太太们,如果仅凭他们的健康状况,早该寿终正寝,可是,他们一个个都是出乎意料之外地,一年一年倔犟地活下去。这是为什么?这就是因为他们具有一种丰富的意志,以及懂得人生。

有旺盛的生存欲的人,寿命一定长;反之,遇事颓丧,终日愁眉不展,心胸狭小的人,必多早逝。

一个合群,爱人人,人人也爱他的人,一定能祛病延年。相信自己有前途,珍惜自己前途,有勇气面对将来的人,是会长寿的。

我们都知道,情绪可以影响生理;而生活力正是生命的源泉,健康固然是维持寿命的要素,然而,生活力却影响着生机。能够懂得情绪影响着生理的人,便会了解到生活力之影响生命,同时便会恍然大悟到"人生"矣。

中国人对于悠闲的理论

美国人以伟大的劳碌者闻名,中国人以伟大的悠闲者闻名。一切相反者是互相钦佩的,所以我想美国的劳碌者之钦佩中国的悠闲者,是和中国的悠闲者之钦佩美国的劳碌者一样的。这就是所谓民族性格的优点。不知道东西文化将来会不会构连起来;事实上它们现在已经构连起来了,将来交通更加便利,现代的文化更加广布时,它们的接触将更加密切。至少我们在中国是不反对机械文明的,所以问题是怎样去融合这两种文化——中国古代的人生哲学和现代的工业文明——使它们成为一种可以实行的人生哲学。东方的哲学有否侵入西洋生活的可能,这个问题无人敢下预言。

机械的文明终究是在使我们很迅速地接近悠闲的时代了,环境将迫着人类去过着多游玩少工作的生活了。这完全是环境的问题,当人类觉得闲暇很多时,他不得不多用一些心思,去想出许多享受空暇的贤明方法;这种空暇是进步迅速的高速度生产方法赋予他的,不管他愿意不愿意。一个人终究不能够预测下一世纪的事物。三十年后生活情形如何,也只有大胆的人们才敢加以预测。人类对于世界不断的进步,一定有一天会感到十分厌倦,开始估量他在物质方面的成就。当物质环境逐渐变化的时候,当疾病扑灭了,贫穷减少了,人寿延长了,食物充足了的时候,我相信人类是不愿像今天那样匆忙的。我相信这种新环境一定会产生一种比较懒惰的性格。

除此以外,主观的因素往往和客观的因素一样重要。哲学不但改变了人类的观念,而且也改变了他的性格。人类对这种机械文明的反应如何,乃视人类的本性而定。生物学方面有下列一类的东西:对刺激的敏感,反应的缓急,乃各种动物在同样环境中的不同行为。有些动物的反应比别的动物较为迟缓。甚至在这机械文明里(我知道美、英、法、德、意、俄等国都包括在内),我们看见不同的民族气质对这个机械时代,也会有不同的反应。同时,个人在同样的环境中,也有产生不同的反应的可能。我觉得由中国方面说起来,机械文明所创造的生活方式一定会和现代法国的生活方式大同小异,因为中国人和法国人的气质是很相同的。

今日美国是机械文明的先驱者,大家都以为在机械控制之下的未来世界,一定会倾向于美国的生活形态。我却怀疑这种理论,因为谁也不知道未来的美国人会有一种什么气质,布鲁克斯(Van Wyck Brooks)新著中所描写的"新英格兰文化时代",也许会重现于今日,我以为这并不是不可能的。没有人敢说那种新英格兰文化的产物不是典型的美国文化,也没有人敢说惠特曼在他的《民主主义的憧憬》里所预见的理想——自由人类和完美母亲的产生——不是民主进步的理想。美国只需要短期间的休息,它也许会产生——我相信一定会产生——新的惠特曼、新的托洛和新的罗厄尔(Lowell),到那时候,那种给争采黄金的狂热所打断了美国旧文化,也许会再开花结果。这么一来,将来美国人的气质岂不是会和今日的气质大不相同,岂不是会接近于爱默生和托洛的气质吗?

我以为文化根本是空暇的产物,所以文化的艺术根本是悠闲的艺术。从中国人的观念看来,用智慧来享受悠闲的人,便是受教化最高的人。因为劳碌和智慧在哲学的观点上似乎是背道而驰的。智慧的人决不会劳碌,太劳碌的人也决不会成为智慧的人,所以最善于优游岁月的人便是最有智慧的人。我在这里并不想说明中国人悠闲的技巧和种类,而想说明这养成一般中国学者及人民的喜闲散、优游自在、乐天知命的脾性——常常也是诗人的脾性——的哲学背景。中国人那种脾性,那种对成就和成功发生怀疑,而对生活本身具有深爱的脾性,到底是怎样产生出来的呢?

　　中国人的悠闲哲学,正像十八世纪一个不大著名的作家舒白香所说的一样:时间之所以有用,乃在时间之不被利用。"闲暇之时间如室中之空隙。"做工的女人租了一个小房间,因为房里堆满了东西,没有走动的空处,而感到很不舒服;如果她的薪水略为增加,她便要搬去住一间较宽敞的房间,在那里除了安放床桌和煤气炉子之外,还可以留下一间较宽敞的房间,在那里除了安放床桌和煤气炉子之外,还可以留下一些步施的地位。这空处使她们感到房间之舒适,同样地,有了闲暇,我们才能感到生活之不乏味。我知道纽约公园街(Park Avenue)有一富妇,把她住宅比邻的地皮买了下来,以免有人在她的宅旁建筑摩天大楼。她因为要得到一些完全废弃不用的空地,不惜花用大量的金钱;我以为她花钱的方法,没有比此更聪明的了。

　　关于这一方面,我可以提起我个人的一点经验。我看不出纽约的摩天大楼的美点,后来我到了芝加哥,才觉得摩天大楼如果前边有相当的地面,四周又有半英里以上的空地,看来倒是很庄严美丽的。芝加哥在这方面是比较幸运的,因为其空地比纽约曼哈顿市区(Manhattan)更多。那些高大的建筑物相互间的距离比较多,由远处眺望起来,比较没有东西可以阻碍视线。以这个比喻说起来,我们的生活太狭窄了,使我们对于精神生活的美点,不能获得一个自由的视野。我们缺少精神上的屋前空地。

悠闲生活的崇尚

中国人之爱悠闲,有着很多交织着的原因。中国人的性情,是经过了文学的熏陶和哲学的认可的。这种爱悠闲的性情是由于酷爱人生而产生,并受了历代浪漫文学潜流的激荡。最后又由一种人生哲学——大体上可称它为道家哲学——承认它为合理近情的态度。中国人能囫囵地接受这种道家的人生观,可见他们的血液中原有着道家哲学的种子。

有一点我们须先行加以澄清,这种消闲的浪漫崇尚(我们已说过它是空闲的产物),绝不是我们一般想象中的那些有产阶级者的享受。那种观念是绝对错误的。我们要明了,这种悠闲生活是穷困潦倒的文士所崇尚的,他们中有的是生性喜爱悠闲的生活,有的是不得不如此,当我读中国的文学杰作时,或当我想到那些穷教师们拿了称颂得很大的满足和精神上的安慰。所谓"盛名多累,隐逸多适",这些话在那些应试落第的人听来是很听得进的。还有什么"晚食可以当肉"这一类的俗语,在养不起家的人即可以解嘲。有些中国青年作家诋责苏东坡和陶渊明等为罪恶的有闲阶级的知识分子,这可说是文学批评史上的最大错误了。苏东坡的诗中不过写了一些"江上清风"及"山间明月"。陶渊明的诗中不过是说了一些"夕露沾我衣"及"鸡鸣桑树颠"。难道江上清风,山间明月和桑树颠的鸡鸣只有资产阶级才能占有吗?这些古代的名人并不是空口白话地谈论着农村的情形,他们是躬亲过着穷苦的农夫生活,在农村生活中得到了和平与和谐的。

这样说来,这种消闲的浪漫崇尚,我以为根本是平民化的。我们只要想像英国大小说家劳伦斯•斯特恩在他有感触的旅程上的情景，或是想像英国大诗人华兹华斯和科勒律治他们徒步游欧洲，心胸中蕴着伟大的美的观念，而袋里不名一文。我想到这些，对于这些个浪漫主义就比较了解了。一个人不一定要有钱才可以旅行，就是在今日，旅行也不一定是富家的奢侈生活。总之，享受悠闲生活当然比享受奢侈生活便宜得多。要享受悠闲的生活只要有一种艺术家的性情，在一种全然悠闲的情绪中，去消遣一个闲暇无事的下午。正如梭罗在《沃尔登》里所说的，要享受悠闲的生活，所费是不多的。

笼统来说，中国的浪漫主义者都具有锐敏的感觉和爱好漂泊的天性，虽然在物质生活上露着穷苦的样子，但情感却很丰富。他们深切爱好人生，所以宁愿辞官弃禄，不愿心为形役。在中国，消闲生活并不是富有者、有权势者和成功者独有的权利（美国的成功者更加匆忙了），而是那种高尚自负的心情的产物，这种高尚自负的心情极像那种西方的流浪者的尊严的观念，这种流浪者骄傲自负到不肯去请教人家，自立到不愿意去工作，聪明到不把周遭的世事看得太认真。这种样子的心情是由一种超脱俗世的意识而产生，并和这种意识自然地联系着的；也可说是由那种看透人生的野心、愚蠢和名利的诱惑而产生出来的。那个把他的人格看得比事业的成就来得重大，把他的灵魂看得比名利更紧要的高尚自负的学者，大家都认为他是中国文学上最崇高的理想。他显然是一个极简朴地去过生活，而且鄙视俗世功名的人。

这一类的大文学家——陶渊明、苏东坡、白居易、袁中郎、袁子才——都曾度过一段短时的官场生活，政绩都很优良，但都为了厌倦那种磕头迎送的勾当，而甘心弃官辞禄，回到老家去过退隐生活。当袁中郎做着苏州的知县时，曾对上司一连上了七封辞呈，表示他不愿做这种磕头的勾头，要求辞职，以便可以回家去过自由自主的生活。

另外的一位诗人白玉蟾把他的书斋题名"慵庵"，对悠闲的生活竭尽称赞的能事：

> 丹经慵读，道不在书；
> 藏教慵览，道之皮肤。
> 至道之要，贵乎清虚，
> 何谓清虚？终日如愚。
> 有诗慵吟，句外肠枯；
> 有瑟慵弹，弦外韵孤；
> 有酒慵饮，醉外江湖；
> 有棋慵弈，意外干戈。
> 慵观溪山，内有画图；
> 慵对风月，内有蓬壶；
> 慵陪世事，内有田庐；
> 慵问寒暑，内有神都。
> 松枯石烂，我常如如。
> 谓之慵庵，不亦可乎？

从上面的题赞看来，这种悠闲的生活，也必须要有一个恬静的心地和乐天旷达的观念，以及一个能尽情玩赏大自然的胸怀方能享受。诗人及学者常常自题了一些稀奇古怪的别号，如江湖客（杜甫）；东坡居士（苏东坡）；烟湖散人，襟霞阁老人等。

没有金钱也能享受悠闲的生活。有钱的人不一定能真正领略悠闲生活的乐趣，那些轻视钱财的人才真懂得此中的乐趣。他须有丰富的心灵，有简朴生活的爱好，对于生财之道不大在心。这样的人，才有资格享受悠闲的生活。如果一个人真的要享受人生，人生是尽够他享受的。一般人不能领略这个尘世生活的乐趣，那是因为他们不深爱人生，把生活弄得平凡、刻板而无聊。有人说老子是嫉恶人生的，这话绝对不对。我认为老子所以要鄙弃俗世生活，正因为他太爱人生，不愿使生活变成"为生活而生活"。

有爱必有妒；一个热爱人生的人，对于他应享受的那些快乐的时光，一定非常爱惜。然而同时却又须保持流浪汉特有的那种尊严和傲慢。甚至他的垂钓时间也和他的办公时间一样神圣不可侵犯，而成为一种教规，好像英国人把游戏当做教规一样的郑重其事，他对于别人在高尔夫球总会中同他谈论股票的市况，一定会像一个科学家在实验室中受到人家骚扰那样觉得厌恶。他一定时常计算着再有几天春天就要消逝了，为了不曾作几次遨游，而心中感到悲哀和懊丧，像一个市侩懊恼今天卖出一些货物一样。

论老年的来临

据我看来，中国家族制度大抵是一种特别保护老幼的办法，因为幼年、少年和老年既然占据我们的半生。那么，幼者和老者是应该过着美满的生活的：这一点很重要。幼者确比较微弱无力，比较不能照顾自己，可是在另一方面，他们却比老人更能够过着一种缺乏物质上的舒适的生活。儿童常常是不大感觉到物质环境的艰难的，因此，穷孩子常和富家的孩子一样快活，如果不是更加快活的话。他也许是赤着足的，可是那在他不但不是什么苦事，反而是一种舒服的事情，而在另一方面，赤足走路在老年人常常是一种不可忍受的苦事。这是因为儿童有着较大的活力，有着活跃的青春。他也许有其一时的悲愁，可是他把这些悲愁忘得多么容易啊。他没有老人家那种金钱的念头和做百万富翁

237

的梦想。他至多只是收集一些香烟画片,希望换点钱去买小孩玩的空气炮,而在另一方面,有财产的寡妇却在收集"救国公债"。以这两种收集的东西而论,其间的乐趣是无法比拟的。原因是儿童还不会像成人那样,受过人生的威胁,他的私人习惯还不曾养成,他不是某一咖啡商标的奴隶,他是随遇而安的。他的种族偏见很少,而且完全没有宗教上的偏见。他的思想和观念还不曾堕入某一些常轨。所以,老年人甚至于比儿童更需要依赖人家,因为他们的恐惧比较明显,他们的欲望也比较确定。

中国民族的原始意识里早已有这种对老年人的深情,这种情感我觉得和西方的尊重闺秀之侠义与对女人的殷勤颇为相同。如果古代的中国人有尊重闺秀之侠义的话,那不是以妇孺为对象,而是以老人为对象的。这种情感在孟子的言论里有着明显的表现,例如他说:"颁白者不负戴于道路矣。"这就是王政的最后目标。孟子也说出世界上四种最无能力的人:"鳏寡孤独。"在这四种人之中,第一二种应该由经济学去加以救济,其办法是使天下没有旷夫怨女。至于孤儿应如何处置,据我们所知,孟子并没有发表过意见,虽则孤儿院和养老金一样,是古已有之的。然而,大家都知道孤儿院和养老金并不足以替代家庭。看来只有家庭才能够使老幼得到美满的生活。可是讲到幼者的生活,那当然是不必多说的,因为他们可以得到天然的父母之爱。中国人常常说:"水流下不流上。"所以人们对父母和祖父母的情爱是比较缺乏的,比较需要教导的工夫的。一个天生自然的人爱他的孩子,可是一个有教养的人是爱他的父母的。到了最后,敬老爱老的教训成为一般人所公认的原则,有一些作家说,他们希望得到奉养年老的双亲的权利,这种愿望是极为强烈的。一个中国君子的最大遗憾是:老父老母病入膏肓时不能亲侍汤药,临终时不能随侍在侧。一个五六十岁的大官如果不能请他的父母由故乡来京都和家人同住,而且"晨昏定省",便无异犯了道德上的罪恶,应该认为是可耻的事情,而且须不断地向朋友和同事解释,说一些推托的话。有一个人回家时双亲已死,便说出下列的两句话:

> 树欲静而风不息,
>
> 子欲养而亲不待。

我们可以说,如果一个人度过了诗一般的一生,他一定会视老年为他最幸福的时期,他不但不会使可怕的老年来得迟些,反而会期望着老年的来临,渐渐把老年造成他一生最幸福的时期。我在比较东西方人生观念时,并没有找到绝对的差异,只有在对老年人的态度这一方面,发见一些绝对不同的地方。关于我们对性,对女人,对工作,游戏和事业的态度,其差别都是相对的;中国人的夫妻关系和西洋人的并没有根本的差异,父母子女间的关系亦莫不然。可是在我们对老年人的态度方面,其差异是绝对的。东方和西方的见解是相反的。在询问人家岁数或说出自己的年龄这一方面,我们可以得到最明显的例证。在中国,一个人正式访谒人家,第一句问尊姓大名,第二句便是问:"贵庚?"如果对方歉然说他今年二十三岁或二十八岁,访问者普通总安慰他,说他前程远大,将来会享高寿。可是如果对方说他今年三十五岁或三十八岁,访问者马上表示莫大的敬意说:"福气!"其热诚是随着对方的岁数而增高的;如果对方的年龄在五十岁以上,访问者立刻低声下气地表示谦卑和尊敬。所以,老人家如果办得到的话,都应该跑到中国去住,在那边,甚至一个胡须花白的乞丐也可以得到人们格外的善待。中年的人都在盼望到五十晋一的时候可以做寿,至于那些飞黄腾达的商人或官吏,他们连四十晋一的生日时也会大做其寿,热闹一番。可是到了五十一岁的生日——活过了半世纪——无论哪一阶级的人都是欢欣鼓舞的。六十一岁的寿辰比五十一岁更快乐更伟大,七十一岁的寿辰自然又比六十一岁更快乐更伟大了;一个人如果能够庆祝八十一岁的寿辰,人家便当他是得天独厚的幸运儿。留胡须成为那些做祖父者的特权,一个人如果还不够资格,如果还未做祖父或不上五十岁,留起胡须来是有受人背后讥笑的危险的。因此,青年人常常模仿老人家的态度、尊严和见解,希望使人看起来年岁大些;我知道有些中学毕业的中国青年作家,年纪不出二十一岁至二十五岁,却在杂志上发表文章,劝青年应该读什么书,不应该读什么书,同时,以父兄垂爱后辈的态度,讨论青年的陷阱。

当我们知道一般中国人对老年人的重视时,这种变成老人或有着老成样子的欲望是可以了解的。第一,老人有说话的特权,青年人必须倾耳静听,免开尊口。中国有句俗语说:"少年人有耳无嘴。"三十岁的人在说话时,二十岁的人照理是应该静听的,四十岁的人在说话时,三十岁的人也应该静听。人们既然几乎都有说话给人家听的欲望,那么,一个人年纪越大,在社会上越有说话给人听的机会。这是一种大公无私的人生游戏,因为人人都有成为老人家的机会。因此,父亲在教训儿子的时候,如果祖母开口说话,他便须突然停下来,改变态度,他当然是希望有一天会占据祖母的地位的。这是十分公平的,因为当老人家说"我走过的桥比你走过的马路还要多呢"的时候,青年人有什么权利可以开口呢?青年人有什么权利可以说话呢?

我虽然颇为熟悉西洋生活和西洋人对老年的态度,可是有些话听起来还是完全出乎我意料之外,使我不断地觉得惊奇。这种态度的新例证随时随地都可以找到。我听见一个老太太说她有几个孙儿,可是"使我觉得苦恼的倒是第一个"。我深知美国人不愿使人有年老的印象,可是我还是料不到他们会说出这种话来。我颇能谅解那些不上五十岁的中年人,我知道他们要给人家一种印象,以为他们还是活跃有生气的，可是我有一次碰见一个白发的老太婆，在谈话中自然而然地谈到她的岁数，不料她竟用诙谐的态度把话题转到天气上去。我时常忘掉这一点，要让老人先入电梯或汽车。"老人先走"这句习惯的话几乎脱口而出，我连忙让这句话缩进去，可是找不到适当的话可以代替。有一天，我在车上碰到一个非常和蔼庄重的老人和他的妻子，我无意中向这位老人家说出一句惯常的敬老的话，不料那老人家却转过头去，用滑稽的口吻对着坐在旁边的妻子说："这个青年竟这么厚颜，以为他比我更年轻呢！"

　　这是极无意义的事情。我真是迷惑不解。我不明白青年和中年的未婚女人为什么不愿说出她们的岁数，因为青春的可贵是十分自然的。中国少女如果到二十一岁时尚未结婚或订婚，也会觉得有点恐慌。年岁是很无情地溜过去了。她们有一种怕被撇在外边的恐惧感觉，即德国人所谓 Torschlusspanik（一个人在城门关闭时怕挤不进城的恐慌），她们怕公园夜间关闭的时候，她们留在里边不能出来。因此，有人说二十九岁那一年是女人毕生最长的一年；她一连过了四五年还是二十九岁呢。可是，除此之外，怕人家知道岁数的恐惧心理是毫无意义的。人家如果不认为你是年老的，怎么会认为你有智慧呢？而且，青年人对于人生，对于婚姻，对于真价值，事实上懂得什么呢？西洋人的整个生活形态是重视青春的，因此弄得男女都不愿把岁数告诉人家：这一点我是能够谅解的。据那种古怪的推论，一个工作效率甚高，精力充足的四十五岁的女书记，如果让人家晓得岁数，人家便会马上以为她是无用的东西了。她为维持饭碗起见，把岁数守为秘密，有什么可怪呢？可是，这么说来，生活形态本身和青春之被重视是毫无意义的事了。据我看来，这是毫无意义的。这种态度无疑地是商业生活所造成的，因为我相信老年人在家庭里一定比办公室里更受人家的尊敬。到了美国人开始有点轻视工作效率和成就的时候，我想这个问题才有解决的办法。当美国的父亲视家庭而不视办公室为他的生活的理想地,当他像中国父母那样,能够心平气和地公然对人家说,他有一个孝子可以代替他的地位,受儿子供养是荣耀的事情:到了这个时候,我想他一定会切望那个幸福时期的来临,在五十岁以前,一定会很不耐烦地计算年岁的过去。

在美国,筋强力壮的老人对人家说他们是"年轻的",或听见人家说他们是"年轻的",而事实上其意义是:他们是健康的;这似乎是语言上一种不幸的事情。人到老年而身体健康,或"老当益壮",确是人生最大的幸运,可是称之为"健康而年轻"却是削减了老年的魔力,把事实上十全十美的东西看做有缺点的东西。"朱颜白发"的康健智慧的老人,以恬静的声音畅谈人生经验:世界终究没有比此更美丽的东西。中国人是明白这一点的,所以常常用一个"朱颜白发"的老人,去做尘世最大幸福的象征。美国人一定有许多会看见中国图书上的寿翁,高额、朱颜、白发——而且笑容满面!这幅图书是多么生动啊。他用手指轻轻抚拈着垂到胸前的长发,态度宁静而知足,他是尊严的,因为他到处受人家的尊敬,他是满足的,因为没有人怀疑过他的智慧,他是和蔼的,因为他曾经看见过人类那么多的悲愁。对那些生气蓬勃的人,我们也称颂他们说"老当益壮",至于像乔治那样的人,我们则说他"老而愈辣",因为他年纪越大,越有刺激性。

在大体上说来,我在美国找不到白须的老头子。我知道这种人是有的,可是他们也许是故意,约定不使我看见的。我只有一次在新杰西州(New Jersey)碰到一个有长须的老人。也许美国人用安全剃刀把长须剃掉吧,这真是像中国的无知农民伐除山林那么可叹,那么无知,那么愚蠢;中国的无知农民把华北美丽的树木砍掉了,使山像美国老人的下额那么濯濯,那么难看。美国还有一个矿山不曾发现,当美国人张开了眼睛,开始大规模地开垦和种植林木的工作时,他们就可以发见一个埋藏着美丽和智慧的矿山，使他们觉得心旷神怡。美国的老头子完了！长着颈下之髯的山姆大叔(Uncle Sam——代表美国)完了，因为他用安全剃刀把髯剃去了，弄得他看起来像一个轻浮的少年傻瓜，下颔突出，而不是很温雅地下垂着，而且眼睛的光辉不由一对厚眶的眼镜背后发射出来。用这个少年来代替那个伟大的老头子是多么不适当啊！我对于美国最高法院问题(虽则这与我毫不相干)的态度，纯粹是由我喜爱许士的脸孔而决定的。他是美国遗留下来的唯一老头子吗?抑是美国还有许多老头子呢?他当然是应该退休的，因为这乃是体贴他的表示，可是如果有人说他衰老，那在我看来却是一种不可容忍的侮辱，他有一个我们可称为"雕刻家之理想"的脸孔。

美国的老人们现在还坚持要那么匆忙，那么活跃，这心理我想是过分应用个人主义的直接结果。这是因为他们有自尊心，他们爱好自立的生活，他们觉得倚赖子女是可耻之事。可是美国人民在他们宪法上所规定的许多人权之中，居然忘掉了受子女供养的权利，这是奇怪的，因为这是一种由服役产生出来的权利和义务。父母曾为他们的孩子劳苦工作，在他们患病的时候曾有许多夜不曾合眼，在他们还未能说话之前，曾经洗过他们的尿布，曾费了二十几年的工夫养育他们，使他们能够成家立业;这么说来，什么人能够否认父母在年老时有受孩子奉养敬爱的权利呢? 人们受父母适当的照顾，在照顾他们的子女之后，也受他们的子女的适当照顾:在这么一个家庭生活的一般系统之中，一个人真不能够忘掉个人和他的自尊吗? 中国人没有个人自立的意识，因为人生的整个观念是基于家庭中的互相帮助;因此，一个人在年老的时候受孩子们奉养，并没有什么可耻的地方。反之，有孩子们奉养他，倒是幸福的事情。在中国，一个人只是为此而生活的。

在西方，老年人抱着自卑的态度。情愿独自个儿住在一间楼下开着餐馆的旅馆，因为他们想体贴他们的孩子，心中有一种毫不自私的念头，不愿干涉孩子们的家庭生活。可是老人家确有干涉的权利，如果干涉是件不痛快的事情，它却是自然的事情，因为一切的生活，尤其是家庭生活，乃是一种忍耐的教育。无论如何，父母在孩子小的时候曾经干涉过他们；我们已经在行为主义者的结论中看见不干涉的逻辑，他们以为孩子都应该和他们的父母隔离起来。如果我们不能容忍自己的父母，不能容忍年纪已老，比较无力自助的父母，不能容忍为我们做那么多事情的父母，那么，我们在家里还能容忍什么别人呢？我们反正须受克己自制的训练，否则连婚姻也会破裂。同时，最优秀的旅馆茶房怎么能够代替亲爱子女的亲身的服侍、忠诚和敬爱呢？

中国人这种亲身服侍年老双亲的观念，完全是基于感激的心情。一个人欠朋友的债务也许是可以计算的，可是欠父母的债务却是无法计算的。中国人在讨论孝道的文章里，时常提起洗尿布的事情，这在一个人自己有子女的时候，是意义深长的。所以，为报答亲恩起见，子女在双亲年老的时候，把最好的东西给他们吃，把他们最喜欢的菜肴摆在他们跟前，岂不是很合理的事情？儿子服侍双亲的责任是很艰难的，可是把服侍父母和在医院里服侍陌生人来作比较，却是一种亵渎。例如，屠羲时在《养正遗规》的《童子礼》里，曾叙述儿童对长辈应尽之义务：

夏月侍父母，常须挥扇于其侧，以清炎暑，及驱逐蚊蝇。冬月则审察衣裤之厚薄，炉火之多寡，时为增益；并候视窗户罅隙，使不为风寒所侵，务期父母安乐方已。

十岁以上，侵晨先父母起，梳洗毕，诣父母榻前，问夜来安否。如父母已起，则就房先作揖，后致问，问毕，仍一揖退。昏时，候父母将寝，则拂席整衾以待，已寝，则下帐闭户而后息。

所以，谁在中国不愿做老人家、老父或老祖父呢？中国的无产阶级作家讥笑这种行为，称之为"封建"的遗留，可是这种风尚确有其可爱的地方,使内地的老绅士依附着它,认为现代的中国是每况愈下了。人人都有变成老人的一天,只要他相当长命,而他一定是希望长命的:这是重要的论点。如果一个人忘掉这种愚蠢的个人主义(认为一个人可以过着抽象的独立生活),那么他必须承认:我们必须调整我们的生活形态,使黄金时代藏在未来的老年里,而不藏在过去的青春和天真的时期里。因为如果我们采取相反的态度,那么,我们便是在不知不觉之中,和无情的时间在赛跑,对未来的东西不断地发生恐惧——不消说,这种比赛是十分无希望的,在这个比赛中,我们结果都要失败。事实上没有一个人能够阻止老年的来临;他只能欺骗自己,硬不承认自己已渐渐衰老。反抗既然是没有用处的,一个人还是爽爽快快地让老年来临吧。人生的交响乐应该以一个和平宁静,物质舒适和精神满足的终曲为结束,不应该以破锣破鼓的砰磕声为结束。

人生的归宿

即将中国人的艺术及其生活予以全盘的观察,我人总将信服中国人确为过去生活艺术的大家。中国人的生活,有一种集中现实的诚信,一种隽妙的风味,他们的生活比之西洋为和悦为切实而其热情相等。在中国,精神的价值还没有跟物质的价值分离,却帮助人们更热情地享乐各自本分中的生活。这就是我们的愉快而幽默的原因。一个非基督徒会具一种信仰现世人生的热诚,而在一个眼界中同时包括精神的与物质的评价,这在基督徒是难于想象的。我们同一个时间生活于感觉生活与精神生活,感觉并无不可避免的冲突。因为人类精神乃用以美饰人生,俾襄助以克服我们的感觉界所不可避免的丑恶与痛苦,但从不想逃免这个现世的生命而寻索未来生命的意义。孔子曾回答一个门人对于死的问题这样说："未知生——焉知死？"他在这句话中，表现其对于人生和知识问题的庸常的、非抽象的、切实的态度，这种态度构成我们厮杀全国的生活与思想的特性。

这个见地建立了某种价值的标度。无论在知识或生活的任何方面，人生的标准即据此为基点。它说明我们的喜悦与嫌恶心。人生的标准在我们是一种种族的思想，无言辞可表，无庸予以定义，亦无庸申述理由。这个人生的标准本能地引导我们怀疑都市文化而倡导乡村文化，并将此理想输入艺术，生活的艺术与文化的艺术，使我们嫌恶宗教，玩玩佛学而从不十分接受其逻辑的结论，使我们憎厌机械天才。这种本能的信任生命，赋予我们一种强有力的共通意识以观察人生千变万化的变迁，与知识上的盈千累万的困难问题，这些我们粗鲁地忽略过去了。它使我们观察人生沉著而完整，没有过大地歪曲评价。它教导我们几种简单的智慧，如尊敬长老，爱乐家庭生活，容忍性的束缚与忧愁生活。它使我们着重几种普通道德像忍耐、勤俭、谦恭、和平。它阻止狂想的过激学理的发展而使人类不致为思想所奴役。它给我们价值的意识而教导我们接受人生的物质的与精神的优点。它告诉我们，无论人类在思想上行为上怎样尽了力，一切智识的最终目的为人类的幸福。而我们总想法使我们在这个世界上的生活快乐，无论命运的变迁若何。

我们是老大的民族。老年人的巨眼看尽了一切过去与一切现代生活的变迁，也有许多是浅薄的，也有许多对于我们人生具有真理的意义的。我们对于进步略有些许冷笑的态度，我们又有些懦弱，原来我们是老苍苍的人民了。我们不喜在球场上奔驰突骤以争逐一皮球，我们却欢喜闲步柳堤之上与鸣鸟游鱼为伴。人生是多么不确定，我们倘知道了什么足以满足我们，便紧紧把握住它，有如暴风雨的黑夜，慈母之紧紧抱住她的爱子。我们实在并无探险北极或测量喜马拉雅山的野心。当欧美人干这些事业，我们将发问："我们干这些事情为的是什么？是不是到南极去享快乐生活？"我们上戏院或电影院，但是在我们的心底我们厮杀觉得一个真实小孩的笑容，跟银幕上幻象的小孩笑容一样给我们快乐。我们厮杀把二者比较一下，于是我们厮杀安安顿顿住在家里。我们厮杀不信拥吻自己的爱妻定然是淡而无味，而别人的妻子一定会更显姣的，好像"家主婆是别人家的好"。当我们厮杀泛舟湖心，则不畏涉山之苦，徘徊山麓，则不知越岭之劳。我们厮杀今朝有酒今朝醉，眼底有花莫掉头。

　　人生譬如一出滑稽剧。有时还是做一个旁观者，静观而微笑，胜如自身参与一分子。像一个清醒了的幻梦者，我们厮杀的观察人生，不是带上隔夜梦景中的幻想的色彩，而是用较清明的眼力。我们厮杀倾向于放弃不可捉摸的未来而同时把握住少数确定的事物，我们厮杀所知道可以给予幸福于我人者。我们厮杀常常返求之于自然，以自然为真善美永久幸福的源泉。丧失了进步与国力，我们厮杀还是很悠闲自得地生活着，轩窗敞启，听金蝉曼唱，微风落叶，爱篱菊之清芳，赏秋月之高朗，我们厮杀便很感满足。

　　因为我们厮杀的民族生命真已踏进了新秋时节。在我们厮杀的生命中，民族的和个人的，临到了一个时期，那时秋的景色已弥漫笼罩了我们厮杀的生命，青绿混合了金黄的颜色，忧郁混合了愉快的情绪，而希望混和着回想。在我们厮杀的生命中临到一个时期，那时春的烂漫，已成过去的回忆，夏的茂盛，已成消逝歌声的余音，只剩微弱的回响，当我们厮杀向人生望出去，我们厮杀的问题不是怎样生长，却是怎样切实地生活；不是怎样努力工作而是怎样享乐此宝贵的欢乐之一瞬；不是怎样使用其精力，却是怎样保藏它以备即将来临的冬季。一种意识，似已达到了一个地点，似已决定并寻获了我们所要的。一种意识似已成功了什么,比之过去的茂盛,虽如小巫见大巫,但仍不失为一些东西,譬如秋天的林木,虽已剥落了盛夏的葱郁,然仍不失林木的本质而将永续无穷。

我爱好春,但是春太柔嫩;我爱好夏,但是夏太荣夸。因是我最爱好秋,因为她的叶子带一些黄色,调子格外柔和,色彩格外浓郁,它又染上一些忧郁的神采和死的预示。它的金黄的浓郁,不是表现春的烂漫,不是表现夏的盛力,而是表现逼近老迈的圆熟与慈和的智慧。它知道人生的有限故知足而乐天。从此"人生有限"的知识与丰富的经验,出现一种色彩的交响曲,比一切都丰富,它的青表现生命与力,它的橘黄表现金玉的内容,紫表现消极与死亡。明月辉耀于它的上面,它的颜色好像为了悲愁的回忆而苍白了,但是当落日余晖接触的时候,它仍能欣然而笑。一阵新秋的金风掠过,木叶愉快地飞舞而摇落,你真不知落叶的歌声是欢笑的歌声还是黯然销魂的歌声。这是新秋精神的歌声,平静,智慧,圆熟的精神,它微微笑着忧郁而赞美兴奋、锐敏、冷静的态度——这种秋的精神曾经辛弃疾美妙地歌咏过:

少年不识愁滋味,爱上层楼,爱上层楼,为赋新词强说愁。

而今识尽愁滋味,欲说还休,欲说还休,却道天凉好个秋。

我为什么是一个异教徒

宗教是一桩属于个人的事件,每个人都必须由他自己去探讨出自己的宗教见解。只要他是出于诚意的,则不论他所探讨得到的是什么东西,上帝绝不会见怪他。每个人的宗教经验都是对他本人有效的,因为我已说过它是一种不容急论的东西。但是,如若一个诚实的人将他对于宗教问题的心得用诚恳的态度讲出来，则也必是有益于他人的。我在提到宗教时，每每避开它的普泛性，而专讲个人的经验，就是为了这个缘故。

我是一个异教徒。这句话或许可以作为是一种对基督教的叛逆，但叛逆这个名词似乎略嫌过火，而还不能准确地描写出一个人怎样在心理的演变中，逐渐地背离基督教。他怎样地很热忱地极力想紧抱住基督教的许多信条，而这些信条仍会渐渐地溜了开去。因为其中从来没有什么仇恨，所以也谈不到什么叛逆。

因为我生长在一个牧师的家庭中，并且有一个时期也预备去做传道工作，所以在意旨的交战之中，我的天然感情实在是向着基督教方面，而并不是反对它。在这个情感和意识交战的当中，我渐渐地达到了一个肯定的否认赎罪说的地位。这个地位照简单的说法，实在不能不称之为一个异教的地位。我始终觉得只有处在有关生命和宇宙的状态的信仰时，我方是自然自在，而无所交战于心。这个程度的演变极其自然，正如儿童的奶牙脱落，或已熟的苹果从树头掉落一般。我对这种脱落当然是不加以干涉的。照道家的说法，这就是生活于道里边。照西方的说法，这不过是依据自己的见解，对自己和宇宙抱一种诚恳的态度罢了。我相信一个人除非是对自己抱着一种理智上的诚恳态度之外，他便不能自在和快乐。一个人若能自在，则便已登上天堂了。在我个人，做一个异教徒也无非是求自在罢了。

"是一个异教徒"这句话，其实和"是一个基督徒"在意义上有什么高下之分？这不过是一句反面的话，因为在一般的读者心目中，"是一个异教徒"这话的意义，无非说他不是一个基督徒罢了。而且"是一个基督徒"也是一句很广泛很含混的说话，而"不是一个基督徒"这句话也同样是意义不很分明的。最不合理者，是将一个异教徒这名词的意义定为一个不信宗教或上帝的人。因为根本上，我们对于"上帝"或

"对于生命的宗教"的态度还没有能够定出确切的意义哩。伟大的异教徒大都对大自然抱着一种深切的诚敬态度，所以我们对异教徒这个名词，只可取其通俗的意义，将它作为不过是一个不到礼拜堂里去的人（除为了一次审美的行动外，我确不大到礼拜堂里去），是一个不属于基督教群，而并不承认寻常的正统教义的人的解说。

在正的方面，中国的异教徒（只有这一种是为我所深知而敢于讨论的）就是一个以任心委运的态度去度这尘世的生活的人。他禀着生命的长久，脚踏实地地，很快乐地生活着。时常对于这个生命觉到一种深愁，但仍很快地应付着。凡遇到人生的美点和优点时，必会很深切地领略着，而视良好行为的本身即是一种报酬。不过我也承认他们对于因想升到天堂去，才做良好的行为，反之，如若没有天堂在那里引诱，或没有地狱在那里威吓，即不做良好行为的"宗教的"人物，自有一些怜悯和鄙视的心思。倘若我这句话是对的，则此间有很多的异教徒，不过自己不觉得罢了。现在的开明基督徒和异教徒，其实是很相近的。不过在谈到"上帝"时，双方才显出他们的歧异点。

我以为我已经知道宗教的经验的深度，因为我知道一个人不必一定须像纽孟主教（Cardinal Newman）一般的大神学家才能获得这种经验——否则基督教便失去了它的价值，或已经被人误解了。在我眼前看来，一个基督徒和一个异教徒之间的灵的生活，其区别之点不过是崇信基督教者是生活于一个由上帝所统治和监视的世界中，他和这个上帝有着不断的个人关系。所以他也可说是生活在一个由一位仁慈的父亲所主持的世界中，他的行为水准须协和于他以一个上帝之子的地位所应达到的标准。这个行为水准显然是一个普通人所难于在一生中，或甚至在一个星期中，或甚至在一天之中毫无间断地达到的。他的实际生活实是游移于人类的生活水准，和真正的宗教生活水准之间的。

在另一方面,这异教徒住在这世界上是像一个孤儿一般,他不能期望天上有一个人在那里照顾他,在他用祈祷方式树立灵的关系时即会降福于他的安慰。这就显然是一个较为不快乐的世界;但也自有他的益处和尊严,因为他也如其他的孤儿一般不得不学习自立,不得不自己照顾自己,并更易于成熟。我在转变为异教徒之中,始终使我害怕的,并不是什么灵的信仰问题,而就是这个突然掉落到没有上帝照顾我的世界里边去的感念,这个害怕直到最后一刹那方才消灭。因为当时我也如一般从小即是基督徒的人,觉得如若一个个人的上帝其实并不存在,则这个宇宙的托底便好似脱落了。

然而,有时一个异教徒也会将这个更为和缓的、更为快乐的世界,同时看成一个更为身份正气的、更像尚在生长中的世界;一个人如若能够长久保持着这个幻想,确是一件好而有益的事情;他的观念将和佛教徒对生命的观念相近似;这个世界将因此好似更为彩色华丽,不过同时也将因此成为一个不十分实在的,所以价值较低的世界。在我个人说起来,凡是不十分实在的和彩色过重的事物都是要不得的。一个人如要得到一种真理,必须付一笔代价;不论它的后果如何,我们终是需要真理的。这个境地在心理上,正和一个杀人者所处的境地相同:如若一个人犯了一次杀案,以下的最好办法就是自首。我就是因了这个理由,所以鼓起勇气转变为一个异教徒的。但一个人在承认一切之后,他自会没有惧怕的。心里安适就是一个人在承认一切之后所处的心境(这里我觉得我已受了佛教和道家思想的影响)。

我或者也可以将基督徒的和异教徒的境地用下列的说法加以区别:我个人的异教思想上的自卑心,笼统地说起来,自卑的成分比自傲居多。我是为了情感上的自傲心,因为我深不愿见除了我们是人类的理由,所以应该做和蔼合礼的男女人之外,还有别的理由;在理论上,如若你是喜欢将思想分类的话,则这个当可归入可做代表的人性主义思想。但大半我是为了自卑心,为了理智上的自卑心,因为当着现代的天文学的面前,我不能再相信一个寻常人类会被大创造者视为一个重要的分子,因为一个人类不过是地球上一个极其微渺的分子,地球也不过是太阳系中一个极其微渺的分子,而太阳系更不过是大宇宙中一个极其微渺的分子罢了。人们的大胆和他的傲然夸张,实是所以使我倾跌的东西。我们对于那个"超人"所做的工作,所知道者只不过是几千万分之一,所以我们怎能够说,我们已经知道了他的性质?怎可以对他的能耐做假定之说呢?

人类个人的重要,无疑的是基督教的基本教义之一。但我们可试看在基督徒的日常生活中,这条教义已将他们引进到怎样的可笑的夸张。

在我母丧后出殡的四天之前,忽然大雨倾盆,这雨如若长此下去(这在漳州,秋天是时常如此的),城内的街道都将被水所淹没,而出殡也将因此被阻。我们都是特地从上海赶回去的,所以如若过于耽搁日子,于我们都是很不便的。我的一个亲戚(她是一个极端的,但也并不是不常见的中国笃信基督者的榜样)向我说,她向来信任上帝,上帝是必会代他的子女设法的。她即刻做祈祷,而雨竟停止了,显然是为了这样便可以让我们这个小小的基督徒家庭举行我们的出殡礼。但这件事里边所含的意义是:倘若没有我们这件事夹在当中,上帝便将听任全漳州的万千人民遭受大水之灾,如以往所常遭到的一般;或也可说是:上帝不是为了漳州万千的人民,而只是为了我家这少数几个人要趁着晴天出殡,所以特地将雨停止,这个意义使我觉得实是一种最不可思议的自私自利。我不能相信上帝是会替如此自私的子女想什么法子的。

还有一个基督教牧师写了一篇自传文,其中述说:在他的一生中,上帝许多次照顾他的故事,希望因此荣归于上帝。其中有一件上帝照应他的事件是：当他筹集了六百元去购买到美国去的船票的那一天，上帝特地将汇兑率降低一些，以便这位重要人物在购买美金船票时，可以便宜一些。以六百元所能购买的美金而言，高低的相差至多不过一二十元，难道上帝单单为了使他这个儿子可以得到一二十元的便宜，便竟肯使巴黎、伦敦和纽约的交易所经过一次金融风潮吗？我们应记得这种荣归于上帝的说法，在基督徒群中是并非罕见的。

人们的寿限大都不过七十岁，而他们竟会这般的厚颜自傲。人类以其集合体而言，也许已有一部很动人的历史，但以各个而言，则在宇宙中正如苏东坡所说，不过是沧海之一粟，或如朝生夜死的蜉蝣罢了。基督徒不肯谦卑。他们对于这股他们自己也是其中一分子的生命巨流（这股大流永远向无穷无尽处流去，如一条大河之流向海中，永远变迁，而也是永远不变的）的集体的永存，从来不知道感觉满足。瓦器将向窑工问说："你为什么将我烧成这个模式，为什么将我烧成这股的脆法？"瓦器因为易于破碎，所以感觉不满足。人类有了这样一具奇异的身体，这具几乎近于神圣的身体，也仍感觉不满足。他还要长生不老！他不肯让上帝安宁。他每天还要做祈祷，他每天还要从这个才物之源那里讨些个人的赏赐。他为什么不让上帝得一些安宁呢？

从前有一个中国学者，他不信佛教，但他的母亲则很相信。她极其虔诚，整天不停地念"阿弥陀佛"时，她的儿子即在旁边唤一声"妈妈"，她恼了。"这样看起来，"她的儿子向她说，"菩萨如果也听得见你这般地唤他时，他不也要发恼吗？"

我的父母都是极虔诚的基督徒。每晚听我父亲领着头做晚祷，便可以知道他的虔诚程度。我是一个对宗教感觉很敏锐的孩子。我以一个牧师儿子的地位，受到教会教育的便利，我从其长处获得益处，但也从其短处获得痛苦。对它的长处，我是始终感谢的，而对于它的短处，则将它转变成我的力量。因为依照中国哲学的说法，一个人的生命是并没有所谓好运或厄运的。

我是不许到中国戏院里边看戏的，不许听说书的，是完全和中国的民间神话故事隔绝的。当我踏进教会学校之后，我父亲所教我读过的一些《四书》是完全荒废了。这或许于我是一种益处——因为这一来，使我在从未受过西方教育之后，能以一个西方小孩走到东方新奇世界里的愉快心境再回去研究这些旧学。当我在学校读书时代，我的完全抛弃毛笔而专用自来水笔，是于我最有益的事情，因为这使我在心理上始终对于东方觉得它是一个完全新的事情，因为这使我在心理上始终对于东方觉得它是一个完全新鲜的世界，直到我已有了做研究它的准备的时候。如若维苏威火山不将庞贝城掩没，则庞贝的古迹必不能保存得这样的完备，那地方石板街上所留下的车辙必不能保存到今日。教会学校的教育就是我的维苏威火山。

思想这件事总是危险的。而且，思想总是和魔鬼有联系的。当我在学校受教育的时代，也就是我最虔信宗教的时代，我心中对于基督教生活的美丽的感觉，和一种对任何物事都想探求其理由的念头已渐渐地发生冲突。但很奇怪地，当时我并不感觉到那种几乎使托尔斯泰因之而自杀的痛苦和失望。在每一个阶段中，我仍觉得自己还是一个统一的基督徒，在信念上仍很融洽，不过比上一个阶段开通一些，在盲从教条上次数略少一些。无论如何，我终究还随时想到"山上的教训"，圣诗中如"看那些田中的百合花啊！"这种句子太好了，使我相信它不会是假的。我就因这些，因意识到内心的基督教生活，所以使我生出了新的力量。

但教义则很可怕地从我的心头渐渐地溜了出去。许多浅近的事情渐渐地使我觉得不自在。"肉体的复活"这一条，当基督未能在第一世纪中人所期望的第二次降临里边实现，诸圣徒没有从他们的坟墓里边肉身走出来时，即已证明是不成立的，但这一条现在依然存在于圣徒的信条中。这就是很浅近的事情中之一端。

后来，我又加入了神学班，以求深造。于是我又发现了教义中的另一条也有使我起疑的地方。那一条就是"处女生儿"，美国各神道学院的主任教授对于这一条都各抱着不同的见解。最使我动恼的是：中国信徒必须在受洗礼之前，将这一条囫囵承认，不许稍生疑问，而同一教会里边的神学家则不许公然认为是一件疑问。这好似有些虚伪，而且也似乎是不公允的。

我读到高级的神学，研究到"水门"究竟在哪里那种细微问题时，我便觉得责任已经解除，因而对于神学便不肯认真，结果是我学科的成绩渐渐低落。我的教师即以为我的性情根本不适于做一个教会牧师，因此主教也以为我不如从此脱离。他们不愿再在我的身上耗费徒然的教诲了。这在我现在看来，也好似一种不露相的好运。因为我很疑惑如若我当时依旧读下去，而终身穿上了一件牧师的长袍之后，我是否真能够心口如一啊！这种对于神学家和一般的教徒所需信仰的信条的反抗意念，在我看来，实在差不多近于我所谓"背叛"了。

当这个时候，我已达到深信基督教的神学家实是基督教的大敌的地步。他们有着两个我最不能了解的矛盾点：第一，他们将基督教的信仰的整个结构完全系在一个苹果上。如若亚当没有吃苹果，世上即不会有原始的罪恶；如若世上并没有原始的罪恶，世上便不需要什么救赎。不论那只苹果在象征上有怎样的价值，但这一点终是极显明的。基督本人从来没有提起过原始的罪恶或救赎这件事情，所以它其实是并不符合基督的教训的。总而言之，我从研究文学之后，我也如现代的美国人一般，不能意识到我有着什么罪恶，而且绝不相信我有罪恶。我所能意识到的就是：上帝只要能如我的母亲爱我一般的一半，他便绝不会将我打到地狱里边去的。这是我内心意识里边的一次最后的行为，不论为了哪一种宗教，都不能不承认其为事实。

还有一个问题，在我看是尤其不合理的。这就是：当亚当和夏娃在蜜月中吃了一个苹果时，上帝即异常大怒，罚他们的子孙世世代代地为了这一件小小的罪过而受罪，但是，当同是这班子孙将上帝的独子害死时，上帝却异常快活，将他们一起赦免。不论人们对这件事有怎样巧妙的解释相论据，我总认它是极不合理的。这也就是使我不自在的末了一件事情。

我在毕业之后，还依旧是一个很热心的基督徒，会自动地在北京的清华学校（非教会学校）里边组织了一个主日圣经班，这事并曾使当时的许多同事教员心里很不高兴。这圣经班的圣诞日集会使我最受痛苦，因为我是在拿一件我自己所不相信的伪事在那里告诉给中国的儿童听。自从我将一切都借着理智破解之后，留在我心中的就只剩了爱心和恐惧两件事：一种渴望能依赖一个全智的上帝，庶使我可以觉得快乐的爱心，如若没有了这个一再抚慰的爱心，我便不能如此快乐和安宁——和随落到孤儿世界中去的恐惧心。最后我居然获救了。我和一位同事辩论说："如若没有上帝的话，人民便不肯行善，而世界必将颠倒了。"

"不然。"我的孔教同事回说，"因为我们都是懂道理的人类，所以我们应该能够过一种合于道理的人类生活。"

这个令人崇尚人类生活尊严的说法，割断了我和基督教的最后一丝关系，从此之后，我便成为一个异教徒了。

现在我已完全明白了。异教的信仰是一种更为简单的信仰。它没有什么假定之说，也无须做什么假定之说。它专就生活事实而立论；所以使良好的生活更为人所崇尚。它在不责善之中，使人自然知道行善。它并不借着种种假定的说法，如，罪恶、得救，十字架、存款于天上，人类因了上天第三者的关系，所以彼此之间有一种彼此应尽的义务等——都是一些曲折难解，难于直接证明的事情——去劝诱人们做一件善事。如若一个人承认行善的本身即是一件好事,他即会自然而然将宗教的引人行善的诱饵视作赘物,并将之视为足以掩盖道德真理的彩色的东西。人类之间的互爱应该就是一件终结的和绝对的事实。我们应该不必借着上天第三者的关系而即彼此相爱。基督教在我看来,好似已使道德成为一件非常困难,非常复杂的事情。而罪恶倒反而是一件极易动人,极自然和极可悦的东西。在另一方面,异教主义倒好似能够将宗教从神学里边拯救出来,而恢复了它的信仰的简单性和感觉的尊严。

其实,我颇已看出有许多神学的谬说怎样从第一、第二、第三世纪中渐渐地产生,将"山上训诲"的简单真理歪曲成一种严厉、不合人情、自以为是的结构,以供一个祭司阶级自私地利用。从"启示"这个名词即能看出其中的隐情。这启示就是一种授予一个先知的特别秘密或神圣的计划,由这先知以师生授受的方式世代传袭下去;这启示也是各种宗教中从回教和摩门教到活佛的喇嘛教和爱迪夫人的基督教科学所都具有的,以便他们可以各自握着当做一种得救的特有的注册专利品。凡是祭司阶级都是依赖这个启示为他们的日常食粮而获得生活。"山上训诲"这个简单真理必须修饰起来,上帝所重视的百合花必须将它镀上金子。于是我们就有了"第一个亚当","第二个亚当",如此地类推下去。圣保罗的逻辑在基督教的早年时代似乎是很能动人听闻,令人很难于责难的。但在现在较为乖滑较富于意识的人的心目中,则便似十分勉强,缺乏力量了。而崇尚启示的弱点即在这种亚洲式的推论逻辑和现代对真理的较为乖滑的领悟之间,显露于现代人的眼前了。所以,只有借着回到异教主义,和不承认启示,一个人方能回到原始式的(在我看来是较为满意的)基督教。

所以说一个异教徒为不信宗教的人是错误的:其实他所不信的不过是不信各式各样的启示罢了。一个异教徒是必然信仰上帝的,不过他因恐旁人误会,所以不肯说出来。中国的异教徒都是信仰上帝的,文学中所用以表示这个上帝的名词,其最常见者就是"造物者"。唯一的不同点就在:中国的异教徒很诚实地听任这位"造物者"隐处在一个神秘的彩媒中,不过对他表示着一种尊畏和虔敬,而即以为足够了。对于这个宇宙的美丽,对于万物的巧妙,对于星辰的神秘,对于上天的奇伟,和对于人类灵魂的尊严,他都是能领会的。他接受死亡,他接受痛苦,视之不过为生命中所不可免的东西,视之如旷野的阵风,如山间的明月,而从无怨言。他以为"委心任运"乃是最虔敬的态度和宗教信仰,而称之为"生于道"。如若"造物者"要他在七十岁死亡,他便坦然在那时去世。他又相信"天理循环",所以世界绝不会永远没有公道。此外,他便无所求了。

图书在版编目（CIP）数据

人生不过如此/林语堂著. —北京：北京联合出版公司，2013.7
（林语堂作品集）
ISBN 978-7-5502-1704-1

Ⅰ．①人… Ⅱ．①林… Ⅲ．①人生哲学 Ⅳ.①B821

中国版本图书馆CIP数据核字(2013)第164228号

人生不过如此

出版统筹：新华先锋
责任编辑：崔保华
封面设计：孙丽莉
版式设计：左巧艳
责任校对：林　丽

北京联合出版公司　群言出版社出版
（北京市西城区德外大街83号楼9层　100088）
北京鹏润伟业印刷有限公司印刷　新华书店经销
字数198千字　787毫米×1092毫米　1/16　17印张
2012年12月第1版　2012年12月第1次印刷
ISBN 978-7-5502-1704-1
定价：36.00元